钢结构基本原理教学实验

王烨华　王　伟　编著

同济大学 出版社
TONGJI UNIVERSITY PRESS
·上海·

内 容 提 要

本书是"钢结构基本原理教学实验"课程的配套教材。全书分为九章,分别为绪论、实验准备、钢材材性实验、轴心受压钢构件整体稳定性实验、受弯钢构件整体稳定性实验、压弯钢构件整体稳定性实验、钢构件局部稳定性实验、高强螺栓连接实验、实验报告的撰写。

本书针对各类钢构件稳定性实验和连接实验,详细叙述了实验目的、实验原理、实验设计、实验实施等实验环节,并列举了思考题,可供读者学习和参考。

本书可作为高等院校土木工程、智能建造、港口与海岸工程和工程力学等相关专业的本科实验教材,也可供相关工程技术人员参考。

图书在版编目(CIP)数据

钢结构基本原理教学实验 / 王烨华,王伟编著.
上海 : 同济大学出版社,2024. 9. -- ISBN 978-7-5765-1343-1
Ⅰ. TU391-45
中国国家版本馆 CIP 数据核字第 2024F5R468 号

钢结构基本原理教学实验

王烨华 王 伟 编著

责任编辑	马继兰	**责任校对**	徐逢乔	**封面设计**	陈益平

出版发行	同济大学出版社 www.tongjipress.com.cn
	(地址:上海市四平路 1239 号 邮编:200092 电话:021-65985622)
经 销	全国各地新华书店
排 版	南京月叶图文制作有限公司
印 刷	常熟市华顺印刷有限公司
开 本	787mm×1092mm 1/16
印 张	8
字 数	129 000
版 次	2024 年 9 月第 1 版
印 次	2024 年 9 月第 1 次印刷
书 号	ISBN 978-7-5765-1343-1

定 价	39.00 元

"钢结构"是土木工程专业中极为重要的必修课程之一,各高校土木工程专业均开设有此课程。2000 年,为顺应宽口径、大土木的教学体系改革,原有的钢结构课程被分为原理和设计两大部分,原理部分作为专业基础教学内容,设计部分作为专业教学内容。因此,钢结构基本原理课程的主要目的是使学生全面掌握钢结构材料、构件和连接的基础知识,理解钢结构分析的基本原理,为进一步学习各类钢结构及金属结构的设计、制作和建造奠定基础。

实验教学是土木工程专业本科教学和人才培养的关键环节,具有其他教学环节不可替代的重要作用。但是,传统的钢结构基本原理教学一般以课堂理论讲解为主,辅以习题及课程设计,而教学实验环节十分缺乏。

为适应新形势下高等土木工程教育的发展需求,同济大学在"985 工程"二期建设经费的支持下,结合同济大学国家级精品课程"钢结构"的建设要求,在国内率先构建了钢结构多功能教学实验平台,并首次开设"钢结构基本原理教学实验"课程。该课程是专业基础课"钢结构基本原理"的同步必修课,其教学目的是通过实验加深学生对钢结构基本概念和基本理论的理解,对钢结构基本构件和基本连接的实验技能进行训练,同时培养学生的创新意识和创新能力。该课程依托同济大学土木工程国家级实验教学示范中心,面向土木工程、智能建造、港口与海岸工程和工程力学等相关专业的学生开设。

本书根据编者多年教学实践编撰而成,编写过程中内容力求简明扼要,脉络清晰,便于学生对知识本质的把握以及自我学习能力的提升。因此,在内容安排上,首先介绍钢结构基本原理教学实验的背景和准备知识;其次阐述了各类钢构件稳定性实验和连接实验的全过程,主要包括"实验目的、实验原理、实验设计、实验实施和实验结果"等方面,其中对于"实验结果"并未做过多分析,主要以思考题的形式留给学生思考的空间,学生通过课堂的演示实验,以及教师对实验结果的分析与讲解,即可全面、准确地理解相关知识点;最后对实验报告的撰写进行了说明。本实验课程的考察即是要求学生将实验全过程的思考、计算和理解撰写成一份全面完整的实验报告,以此作为实验课成绩计入钢结构基本原理课程的总成绩。

在本书编写过程中,编者参阅了《钢结构基本原理》教材第一编著人沈祖炎先生修订钢结构设计规范和进行试验工作的一些早期资料,深切地感受到今天使用的设计标准和教科书中的每一个理论计算公式,都包含着钢结构领域前辈们大量艰辛不易的试验研究;体现着前辈们独立自主、守正创新的学术精神,严谨求实、精益求精的科研精神,不畏艰难、一丝不苟的试验精神;也饱含着他们毕生对钢结构事业的热忱。他们的精神也将激励后辈们继续前行。

由于编者水平有限,书中难免会有不足之处,敬请读者批评指正。

编　者

2024 年 8 月

目 录

第 1 章

绪　论

1.1　土木系科实验和实习教学

1.1.1　发展历程

实验和实习教学在现代工程教育中占有十分重要的位置,是土木工程专业教学中非常重要的环节。同济大学是我国最早开设土木系科的高等院校之一,已有110年的历史,编者从相关资料中梳理了有关土木系科实验与实习教学的发展历程,有助于学生们了解我国近代和现代土木系科实验和实习教学的发展。

同济大学土木系科1914年设立,第一学年实习和理论教学各占半年,1915年学校建成模型练习所、物理实验所和土木工程模型陈列所。至此,学校各实验所、模型所及实习工厂已比较完善。从学校初创时期的发展来看,土木系科便极为重视实验和实习教学。

1917—1927年,医工学堂到医工大学,以1922年的学则和课程为例,第一学年学生需在工厂实习,工科毕业实验及格者给予工学文凭。至1925年,实习工厂已发展到包括木工厂、打铁间、电工间、工作机间、材料实验室等10个部门,其配置的设备在当时国内工科高校中首屈一指。

1927—1937年,学校继续注重打好基础及理论联系实际的优良学风,第一学年除开设少数几门课外,大部分时间仍安排在工厂实习。工学院有实习工厂、电工实验馆、机器实验馆、材料实验馆、测量馆等场馆。学生在第一学年的工厂实习过程中,通过接触机器设备和了解生产过程,提高了感性认识,培养了动手能力,也加深了以后几年对专业理论课程的理解。

1937—1946 年,在颠沛流离、六次迁校的过程中,搬出的仪器设备经长途跋涉,多数残缺不全,但迁至昆明时期,学校仍然开放实习工厂、电工实验馆等,保证了教学工作的初步开展。迁至李庄时期,只剩下二十多部机器,其后逐步设立了测量馆、实习工厂、电工实验馆、材料实验馆等,使各项实习一般均能进行。这一时期,在战乱中开展的教学仍然坚持理论与实际的密切结合,土木系科一年级学生坚持在工厂进行机、锻、铸、钳、木、泥等工种方面的实习。实习工厂所在的官山至今仍保留有当年师生做实验的滑轮。

1946—1949 年,课程教学除课堂教学及实验外,继续注重理论和实践相结合,安排低年级学生用一部分时间去实习工厂学习操作和管理,还去其他地方参观实习,不仅扩大了学生的视野,还可以学到实际知识应用。

1949 年后,实验室得到了空前发展,为教学实验和科研实验提供了良好的条件。20 世纪 50 年代,教师在钢结构课程教学中使用模型讲解知识,学生们分组开展混凝土构件教学实验。1955 年结构系开设了第一堂结构实验课,完成一榀钢桁架的检测实验,使理论教学与工程实际相联系。1966 年学生入校后,在第一学期通过参加典型工程与施工实践,了解房屋建筑从破土动工到完成的整个过程。20 世纪 70 年代,课程教学除了保障学生实习以外,还在结构实验室内开展教学实验和科研实验;80 年代教授经常和学生一起开展实验研究,或带领学生进行野外实验;90 年代至今,国家进入快速建设发展期,土木工程学院的师生参与了许多重大工程的实验研究。同济大学土木工程专业素来注重基础研究与工程应用相结合,在工程实践中发现科学问题,用科研成果指导工程实践,而教学又与科研相结合,以科研创新引领教学创新。

从 2006 年开始,结合"985 二期"工程专业实验室建设规划,同济大学开始筹建土木工程本科教学实验平台,该平台的总体建设目标为:结合专业教学特点,提升教学质量,促进学生基本知识的掌握和实践能力、创新能力的提高;建设若干具有易操作性、先进性的教学实验平台,使之成为土木工程专业教学实验的示范基地。

2007 年,"钢结构""混凝土结构""土木工程施工"三个平台建成,形成了一个总面积为 550 m²、固定资产达 120 余万元的本科教学实验平台,成为当时国内结构工程学科首个大规模专业课程教学的配套实验平台。2009 年,同济大学土木工程实验教学中心获批国家级实验教学示范中心,至今已平稳运行近十五年。2010 年至今,随着信息技术的快速发展,土木工程学院不断更新和开发原创性虚拟仿真实验项目,建立了虚拟仿真实验教学中心,并于 2015 年获批国家级虚拟仿真实验教学示范中心。

从上述内容可以看出,实验和实习教学贯穿了同济大学土木系科的发展史,特别是在土木系科早期发展过程中,实验和实习教学是整个大学人才培养过程中极为重要的教学实践环节,发展至今,土木系科已经形成了理论与实际相结合的教学传统。

图 1-1 为百余年来同济大学土木系科实验与实习教学发展过程中不同年代的典型照片。

(1) 土木模型陈列室(1916 年)

(2) 土木系材料实验室(1928 年)

(3) 建筑结构实习(1934 年)

(4) 李庄时期实验用的滑轮
(20 世纪 40 年代)

（5）教师用模型讲解钢结构
（1956 年）

（6）混凝土构件教学实验
（1959 年）

（7）工地实习
（1966 年）

（8）结构实验室进行实验
（1974 年）

（9）沈祖炎教授和学生做钢构件实验
（1984 年）

（10）程鸿鑫教授带领学生做野外实验
（1987 年）

（11）东方明珠塔振动台
实验（1991 年）

（12）南浦大桥动载实验
（1992 年）

(13) 上海环球金融中心　　　(14) 上海中心振动台实验　　(15) 重庆来福士广场多功能振动台实验(2012 年)
　　振动台实验(2004 年)　　　　　(2009 年)

(16) 泰州长江公路大桥多功能振动台实验　　　　(17) 混凝土结构课程实验教学(2009 年)
　　　　　　(2013 年)

(18) 钢结构课程实验教学(2009 年)　　　　　(19) 虚拟仿真实验教学(2020 年)

图 1-1　同济大学土木系科实验与实习教学发展历程

1.1.2　实验教学的意义

随着人工智能等高新技术的快速发展,人们获取知识的途径变得更加便捷,相比之下,实践能力、动手能力和创新能力在人才培养过程中的需求显得更加迫切,而实验教学正是能够培养学生综合运用知识、动手能力和创新精神的关键环节,它的作用和功能是理论教学所不能替代的。未来的土木工程将有更多的新材料和新体系出现,尽管计算机技术在一定程度上可以预测其新的特点,但通过实验进行验证和探明未知的因素,仍然是行之有效的方法,因此,从实验教学中培养学生的实验能力也将成为高质量人才培养体系的重要组成部分。

1.2　钢结构基本原理教学实验

1.2.1　实验与钢结构基本原理

"钢结构基本原理"课程中一个非常重要的内容就是"钢结构构件的稳定理论",由于钢结构构件壁薄修长、构造轻巧,因此,在研究钢结构及其构件的工作性能和极限承载力时,稳定问题就成为不可避免的主要问题。多数情况下,钢结构及其构件的承载能力往往取决于稳定条件。我们以钢结构理论中最基本的"柱子曲线"为例,说明在钢结构构件稳定理论发展的过程中实验与理论的关系。

计算轴心压杆的弯曲稳定性的公式如式(1-1)所示。

$$\frac{N}{\varphi A f} \leqslant 1.0 \qquad (1-1)$$

式中,轴心压杆稳定系数 φ 的计算一般用于轴心压杆长细比 λ 的计算,因此常将 φ-λ 曲线称为柱子曲线。

1. 国际上早期柱子曲线的发展

早在 18 世纪,著名的数学家和自然科学家欧拉(Euler)就研究了轴心压杆的弹性稳定,并提出了至今还广泛应用的欧拉公式,这为压杆稳定研究奠定了基础。19世纪以来,随着钢材在工程结构中的广泛应用,工程师经常面对细长压杆、受压薄板以及各种薄壁构件的破坏问题,因此研究压杆稳定的工作越来越多,一些实验过程中,研究者往往忽略试件端部支承情况、加载精度以及材料的弹性性能,所以实验结果与欧拉公式并不相符,这使得工程师在设计时经常使用经验公式。随着材料力学实验手段的发展进步以及测量仪器的更新换代,压杆稳定的实验研究才取得新的突破。19世纪末到20世纪初的许多实验结果证明了欧拉公式的正确性,同时也讨论了欧拉公式的适用范围。

大量压杆稳定实验结果表明,实验数据在弹塑性范围非常分散,这说明压杆的稳定极限应力除了与长细比 λ 有关以外,还受其他因素的影响。这些影响的因素包括:截面的形状和尺寸,材料的力学性能,残余应力,构件的初弯曲和初扭转,荷载作用点的初偏心以及在支承处可能存在的弹性约束,等等。

由于长期以来受欧拉公式的影响,人们认为压杆在材料确定后,临界应力将只是长细比的函数,柱子曲线只有一条,因此许多研究者都致力于寻求一条合适的柱子曲线供设计时应用,于是出现了一些单一柱曲线,其发展过程经历了以下几个不同阶段:

(1)根据实验数据,提出用于弹塑性阶段的经验公式。这一时期对于弹塑性阶段的稳定理论研究很少,只是沿用弹性阶段压杆稳定理论。

(2)采用边缘屈服准则提出的割线公式和佩利(Perry)公式,考虑了初偏心和初弯曲的影响。

(3)采用切线模量理论的公式,可以考虑残余应力的影响。

(4)采用极限承载力理论的耶硕克(Jezek)简化方法,该方法计算轴压构件的极限承载力时,构件已经进入弹塑性阶段,其结果与截面形式有关,因此,常选用最不利的截面作为确定柱子曲线的依据。

20世纪60年代,随着计算机发展,以及研究工作的不断深入,轴心压杆实验数据的分散性已能通过理论计算反映出来。研究者开始提出应根据轴心压杆的截面形状、尺寸、制造过程和材料屈服点的不同,采用多条柱曲线。当时欧洲钢结构协会(ECCS)考虑到这些影响因素,专门制订了系统的实验计划,对实验方法做出了统一技术要求,对试件设计进行了系统考虑,并进行了1 067根试件的实验,使所有数据的归纳分析具有共同基础,并具有代表性。通过理论分析把压杆分为五类,提出了五条相应的柱子曲线。同一时期,美国结构稳定研究委员会(SSRC)根据里海大学历年实验的 56 根轴心压杆的实测资料,包括截面上各点的残余应力和材料屈服点的实测值,并考虑初弯曲进行计算分析,求得 112 根柱子曲线,然后在此基础上,把压杆分为三类,提出了三条相应的柱子曲线。这些研究成果体现在 1976 年 ECCS 和 SSRC 出版的有关钢结构稳定计算的指南中。

上述柱子曲线 (φ-λ) 的发展过程如图 1-2 所示。

从上述发展过程不难看出,实验是早期研究中直接和有效的技术手段与方法。正是通过"实验研究",人们发现离散的实验结果和欧拉公式之间存在着较大差异,由此不断进行实验探索,分析各种影响因素,使轴心压杆稳定理论逐步从"单一柱曲线"理论发展为"多条柱曲线"理论,从而完成对轴心压杆稳定问题的深入认识。在这一过程中,也得益于随计算机快速发展的数值分析法,它作为另一个有效的技术手段,可以将许多实际因素考虑进去,对多条柱曲线理论的形成也起到了关键作用。

2. 中国柱子曲线的发展

中国柱子曲线的发展反映在中国《钢结构设计规范》(以下简称"规范")历次版本对轴心压杆稳定系数 φ 的计算变化上。

1954 版规范采用单一柱曲线,稳定系数 φ 值参考苏联 1946 版规范确定;1974 版规范为了更加准确地确定稳定系数 φ,共做了 107 根压杆试件的实验,虽然仍采用单一柱曲线,但在弹性阶段用欧拉曲线,在非弹性阶段,采用实验数据的回归曲线。

1988 版规范采用考虑初始缺陷、残余应力等因素后的极限承载力理论。初始几何缺陷用 1/1 000 的初弯曲,残余应力选用了 13 种模式,对不同截面形式、不同尺寸和不同失稳方向,采用数值分析法计算了有代表性的 96 条柱曲线。将96 条柱曲线的分布带分成三个窄带,取每个带的平均值作为柱曲线,确定了 a、b、c 三条,并给出了与此三条柱曲线相对应的截面分类表。这三条柱曲线再用最小二乘法拟合成佩利公式表达。1988 版规范将过去单一柱曲线发展为多条柱曲线(三条柱曲线),这是一个实质性改变,走在当时世界各国的前列。2003 版

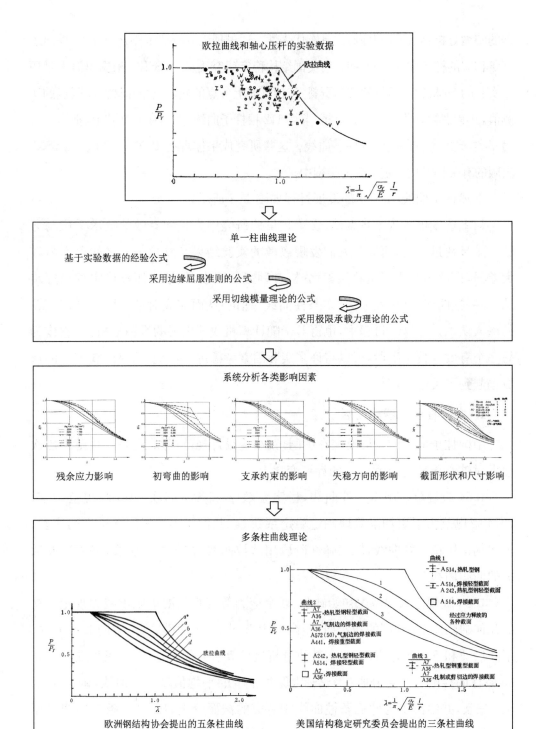

图 1-2　国际上早期柱子曲线发展过程示意图

规范增加板件厚度大于 40 mm 的厚壁柱的柱曲线 d，柱子曲线发展成为四条柱曲线，如图 1-3 所示。由于 2003 版规范已很好地完成了轴心压杆的设计和计算方法，因此，《钢结构设计标准》(GB 50017—2017) 的轴心压杆稳定系数 φ 的计算沿用了 2003 版规范的内容。

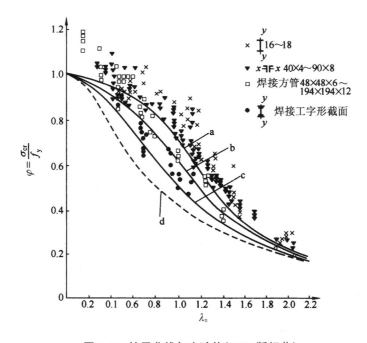

图 1-3　柱子曲线与实验值 (2003 版规范)

3. 柱子曲线发展小结

从上述轴心压杆柱子曲线的发展过程来看，很早以来，人们就开始采用实验的方法进行结构构件性能的研究。20 世纪 30 年代国际上早期的钢结构规范条文都比较简单，主要是基于实验，或基于使用经验给出理论计算公式或数值限值。20 世纪 60 年代以来，随着计算机的广泛应用，各种数值计算方法的快速发展，许多复杂的结构计算问题均可得出数值结果，很多实际因素均有可能放到计算中去考虑，日益精确化的理论预测，可以代替许多重复性的昂贵实验。发展至今，实验研究和数值分析已成为结构理论研究的两种重要技术手段。实验研究是一项重要的基础性工作，实验能够激发人们的好奇心，进而激发人们的探索精神和创新意识。即使当今已经进入信息时代，计算机和数值模拟技术的发展日新月异,但实验作为验证结构理论的标准,其根本意义仍然存在,而且起着不可替代的作用。

1.2.2　钢结构基本原理实验教学体系

钢结构基本原理实验教学秉承"知识学习、能力训练、创新精神"并重的理念,制定了"可认知性、可动手性、可设计性、可研究性"的总体指导思想,在教学组织上采取递进形式构筑了钢结构基本原理教学实验体系。该体系主要包括如下几个方面。

1.　认知实验

认识实验是钢结构基本原理实验教学的第一个层次。在认知实验部分,主要介绍钢结构实验平台的组成和主要设备;介绍钢结构实验的流程和方法;介绍钢结构实验教学平台所开设的钢结构实验项目;通过观看实验动画或录像,认识典型钢结构构件和连接的实物特征及破坏形态;强调实验室的规章制度和安全操作规定。通过认知实验教学,学生应初步了解所介绍的内容,并对钢结构基本构件和连接的破坏模式形成感性认识。

2.　演示实验

演示实验是钢结构基本原理实验教学的第二个层次。通过观看并参与教师演示实验,使学生认识钢结构构件失稳破坏和连接破坏的过程与模式,掌握钢结构基本性能的测试方法;通过整理实验数据,撰写实验报告,使学生加深对钢结构基本概念和基本理论的理解。

同济大学钢结构实验平台已开发的演示性实验项目紧扣钢结构基本原理的教学大纲,重点解决"稳定"和"连接"两大理论教学难点,选择实验难度较低和易于控制的基本构件与基本连接实验项目,力求用最简洁形象的实验来演绎复杂的概念和理论。主要涵盖了轴压构件整体稳定、轴压构件局部稳定、受弯构件整体稳定、压弯构件整体稳定和钢结构连接等内容。

3.　自主实验

自主实验是钢结构实验教学体系的第三层次。自主实验要求学生从实验设计阶段就开始介入,通过实验对理论知识进行验证。除了要求学生熟练掌握钢结构的基本概念和基本理论外,还要求学生更进一步理解这些理论或公式的来源,且对实验设备做到熟练运用。

自主实验的主要教学目的是使学生深入掌握钢结构的基本原理和理论,熟练运用实验设备,培养学生的自主精神和科研素质。自主在设计实验项目时给予了学生充分的自主性和设计空间,实验的难度比演示实验高出一个层次。目前,实验平台已开发的自主实验项目为轴心受压构件整体失稳的影响因素,该实验项目是一组或者若干组实验的合集。因此,自主实验还培养了学生的团队合作精神。

经过多年的教学实践和探索,钢结构基本原理实验教学逐步形成了以"认知实验、演示实验和自主实验"为主体的实验教学体系(图 1-4),呈现出从简单到

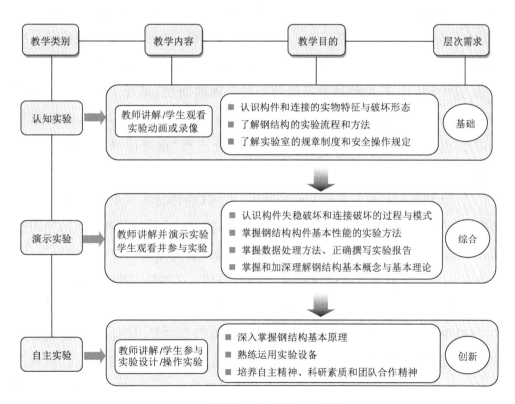

图 1-4 钢结构基本原理实验教学体系

复杂、从单点到多点循序渐进的特点,满足了基础、综合、创新三个不同层次的需求,并与理论教学相得益彰,使学生通过实验加深了对钢结构基本理论的理解,取得了良好的学习效果与实践效果,在全国土木工程专业的实验教学中,形成了同济大学的优势和特色。

1.3 本书内容安排和特点

1.3.1 本书内容安排

（1）同济大学土木系科的实验教学有着悠久的历史和深厚的基础,钢结构基本原理教学实验正是传承同济大学土木系科始终秉承的"理论与实践并行"的理念,率先在国内土木类院校开展该类实验课程,并形成了自己的特色。绪论呈现了这段历程,旨在使学生知史明志以践行。稳定问题是钢结构的关键问题,其中轴心压杆的整体稳定问题是最基础的问题,呈现了这一基本原理的形成与发展,是本章的一个重要方面,旨在使学生不仅知其然,而且知其所以然,并能够充分认识实验的重要性,避免出现"重理论,轻实践"的认识误区。

（2）无论是进行教学实验,还是科研实验或检测实验,在开展实验工作前,需要进行实验总体规划,确定实验方案;并掌握基本的实验仪器和装置的使用性能、工作原理及操作方法;进而根据具体的实验内容对实验的安全性进行评估,采取安全防护措施,并严格遵守实验室的规章制度,这些是实验前的重要准备工作。这部分内容将在本书第 2 章进行详细介绍。

（3）钢材材性实验是一个基础性实验,通常需要在开展钢构件实验或连接实验之前进行,以便获得最基本的力学性能参数,如弹性模量、屈服强度、抗拉强度、延伸率等,为构件或连接的计算与分析提供基础参数。这部分内容将在本书第 3 章进行介绍。

（4）钢结构基本原理理论课程教学中,轴心受压构件是最重要的一章。因此,实验教学中共设计了 4 个轴心受压构件的实验项目,通过选择不同截面类型的构件来分别实现轴压构件的弯曲失稳、扭转失稳和弯扭失稳,使学生对轴压构件的整体失稳有较为全面和深入的认识。本书第 4 章将着重阐述轴心压杆整体稳定性实验内容。

(5) 对于受弯构件,实验教学中选择了最典型的工字形截面钢梁来进行整体稳定性实验。受弯构件的整体失稳破坏是观赏性较强的实验,能够充分调动学生的学习热情和积极性。本书第 5 章将着重阐述受弯构件整体稳定性实验内容。

(6) 压弯构件是实际建筑钢结构中最为常见的一种构件,压弯构件实验相对轴压构件比较复杂,因此,实验教学中选择较为简单的压弯构件平面内整体稳定性实验来演绎相对复杂的理论和概念,使学生能更好地理解压弯构件稳定理论。本书将在第 6 章阐述压弯构件平面内整体稳定性实验。

(7) 局部稳定是钢结构基本原理的一个难点,实验教学中最初考虑了两个局部稳定的实验,一个是薄腹板梁的受剪腹板局部失稳实验,另一个是薄壁矩形管受压局部失稳实验。考虑到梁的受剪腹板失稳比较复杂,而轴心受压的薄壁矩形管更为直观,因此,选择了后者作为演示实验项目。薄壁矩形管受压局部失稳实验还可以帮助学生理解板件的相关屈曲现象和有效宽度的计算方法,比薄腹板梁更适合于教学演示实验。本书第 7 章将着重阐述钢构件局部稳定性实验内容。

(8) 钢结构的连接和构件具有同等重要的作用,实验教学从形式多样的钢结构连接中选取最基本的连接形式,开发了高强螺栓抗剪连接实验和普通螺栓抗剪连接实验,帮助学生了解和掌握螺栓连接的计算方法。本书第 8 章将阐述高强螺栓连接实验内容。

(9) 完成上述钢构件稳定性实验和连接实验,如何撰写并形成完整的实验报告,将在本书第 9 章进行介绍。

图 1-5 为本书各章的内容之间的关系。

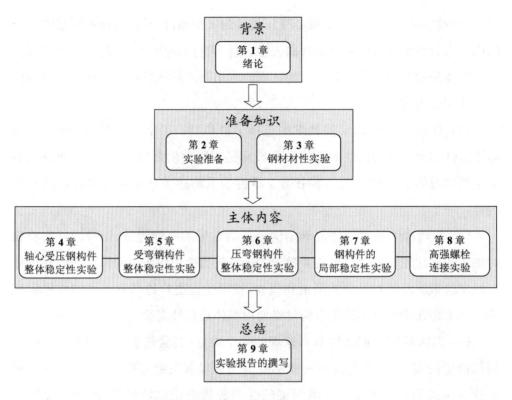

图 1-5　本书的内容安排

1.3.2　本书的特点

　　本书有别于土木工程专业的"建筑结构实验"课程教材。通常,"建筑结构实验"课程教材以讲述土木工程结构基本实验方法,工程结构静载实验、动载实验和抗震实验为主。本书主要讲述钢结构各类构件的稳定实验以及连接实验,以期使学生更好地理解钢结构"稳定"和"连接"的两大理论难点,同时通过阐述各类实验的全过程,使学生能够建立正确的实验概念,掌握实验设计的基本方法,正确地实施实验,全面地分析实验数据,并对实验进行总结,最后撰写完整的实验报告。

　　希望学生学完各章内容后,在"理论—实践—理论"的学习过程中,对钢结构基本原理的掌握更加深入,并能够激发实验兴趣和探索精神,弘扬大国工匠精神,为将来的工作或进一步深造打下坚实的基础。

第 2 章

实 验 准 备

实验工作开展之初,首先需要了解实验过程以及具体环节;熟悉和掌握一些实验常用的装置、仪器和设备的性能、工作原理,以及操作方法;进而制定有效的实验安全防护措施,并严格遵守实验室的规章制度和安全操作规定。

2.1 实验全过程

一个完整的实验过程包含许多工序和环节,从总体上来讲,包括实验前期的设计阶段、实验中期的实施阶段和实验后期的总结阶段。

1. 实验设计阶段

实验设计阶段需要明确实验目的、实验原理以及所采用的实验方法;然后进行具体的实验设计,包括试件设计、实验装置设计、加载方案设计、测试方案设计,以及实验进度计划制定,实验安全措施制订等主要内容。各个环节的内容确定后,需要撰写实验方案。对于一些大型重要的实验,实验方案还需要经过评估与论证。

实验设计阶段与建造房屋前期的设计阶段一样,是一个十分重要的过程,很多细节决定了后续的实验能否正常、安全地开展,因此,实验方案也如同结构设计方案的计算书和设计图纸一样,是一个指导性的技术文件。

2. 实验实施阶段

实验实施阶段包括选取材料、加工制作试件和实验装置,进行材料力学性能实验,标定仪器设备,试件安装就位,加载装置安装就位;布置传感器,连接数据采集系统,进行预加载,检查并确保各个环节正常工作;正式加载,在加载过程中需要仔细观察实验现象,密切关注实验数据的变化,并做好相应的拍照和实验记录。

实验实施阶段与建造房屋的施工阶段一样,是关键性的实现过程,这一过程是检验理论知识、掌握实验知识、锻炼动手能力、锻炼分析与解决问题的过程。

3. 实验总结阶段

实验总结阶段需要对整个实验过程进行全面总结,对获得的实验数据进行分析处理,结合实验现象做出解释,并将实验值和理论值进行比较,查找产生差异的原因,得出结论,并撰写完整的实验报告。

实验总结阶段如同房屋建造竣工验收阶段,是一个全面汇总、分析和总结的阶段。需要通过分析实验现象和实验数据,得出有益的结论。对于实验中发现的新问题应提出建议或实施进一步的计划。

本书第 4 章至第 8 章内容即按照上述实验全过程,详细阐述各类钢结构构件的稳定性实验和连接实验。

2.2 实验常用装置和仪器

2.2.1 加载装置与设备

加载实验装置与设备是钢结构教学实验平台的核心部件,主要包括反力架和千斤顶。

1. 反力架

同济大学的钢结构教学实验平台根据演示性教学实验和自主性教学实验的不同特点,分别设计了若干承载能力可调的反力架,适用两种不同教学实验形式。所设计的反力架均为自平衡体系,反力架主要由横梁、立柱、底座、升降系统、调整垫块等组成,如图 2-1 所示。演示性教学实验反力架的承载能力在 1 000~2 000 kN 不等;既可进行钢结构构件实验,也可进行钢结构连接实验,具有多种用途的特点。自主性教学实验反力架根据学生设计性实验的特点,承载能力设置为 100 kN。

(a) 演示性实验教学用反力架　　　　　　　(b) 自主性实验教学用反力架

图 2-1　钢结构基本原理教学实验用反力架

教学实验相对于研究型实验来说具有试件更换频繁的特点,因此为了使试件安装便捷,反力架各节点均采用螺栓连接,柱上孔位的模数化使横梁在立柱间可实现升降调节,且易于拆装和移动。反力架顶部设置有小型电动吊机或手摇式吊机,大大方便了试件的安装与更换。

2. 千斤顶

千斤顶是目前结构实验中最常用的加载设备,实验操作安全方便。千斤顶通常分为液压千斤顶和机械千斤顶。根据不同类型实验的特点,在演示性教学实验中采用了液压千斤顶,在自主性教学实验中采用了机械千斤顶。

液压千斤顶的工作原理是基于液体各处压强相等的帕斯卡原理。如图 2-2 (a)所示,在平衡的系统中,比较小的活塞上面施加的压力比较小,而大的活塞上面施加的压力比较大,这样能够保持液体的静止。因此,通过液体的传递,可以得到不同端上的不同压力,这样就可以达到变换的目的。液压千斤顶就是利用这个原理来达到力的传递。

演示性实验教学中所使用的是如图 2-2(b)所示的 50 t 分离式液压千斤顶,由液压缸、油泵、活塞、接头等部件组成。油泵作为动力源与液压缸分开,中间通过胶管来连接,千斤顶固定在反力架横梁上工作时,需把油泵里加满油才能使千斤顶顶升。

机械千斤顶又叫螺旋千斤顶,它的结构较为简单,主要由底座、齿轮、壳体、螺杆和螺母套筒组成,如图 2-2(c)所示。它的使用是依靠手动实现的,通过手工转动摇杆,由摇杆的摆动带动小齿轮的转动,这时圆锥齿轮会与小齿轮一起转动,并使螺杆随着旋转,引起套筒的升降,重物就会被托起或是放下,从而达到起重拉力的功能。在自主性实验教学中,需要锻炼学生的实际动手能力,因此在自主实验中采用如图 2-2(d)所示的 10 t 机械千斤顶。

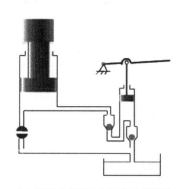

(a) 液压千斤顶工作原理示意简图　　　　　(b) 演示实验用分离式液压千斤顶

(c) 机械千斤顶内部构造　　　　　　　(d) 自主实验用机械千斤顶

图 2-2　千斤顶

2.2.2　常用的仪器设备

钢结构基本原理教学实验中常用的仪器设备主要包括游标卡尺、电阻应变仪、荷载传感器、线位移传感器以及数据采集处理系统等,图 2-3 展示了同济大学钢结构基本原理教学实验中用到的主要仪器设备实物。

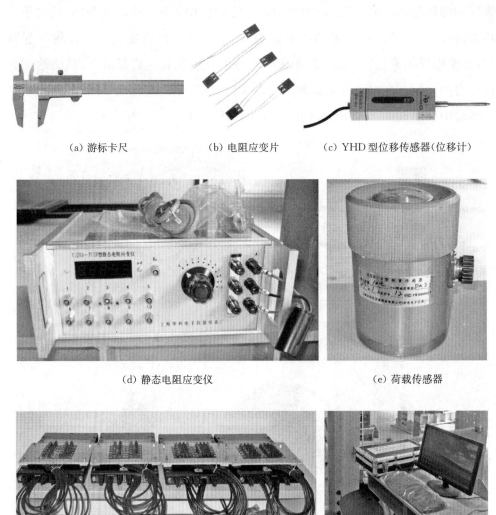

　　（a）游标卡尺　　　　　（b）电阻应变片　　　（c）YHD 型位移传感器（位移计）

（d）静态电阻应变仪　　　　　　　　　（e）荷载传感器

（f）数据采集仪　　　　　　　　　（g）数据采集系统

图 2-3　钢结构基本原理教学实验用主要仪器设备

1. 游标卡尺

钢结构基本原理教学实验中测量试件截面几何参数和试件长度时,需要用到游标卡尺。游标卡尺由主尺和附在主尺上能滑动的游标两部分构成。正确使用游标卡尺并正确读数是获取实验几何参数的重要基础。游标卡尺的读数方法以刻度值 0.02 mm 的精密游标卡尺为例来说明,其读数方法可分为以下三步:

(1) 根据副尺零线以左的主尺上最近刻度读出整毫米数。

(2) 根据副尺零线以右与主尺上的刻度对准的刻线数乘上 0.02 读出小数。

(3) 将上面整数和小数两部分加起来,即为游标卡尺测得的参数总尺寸。

2. 电阻应变计

在本教学实验中一个很重要的量测内容就是应变的量测。通过量测应变,然后根据实测钢材的应力－应变关系曲线可以换算为应力值。如钢材的应力－应变关系在弹性阶段服从虎克定律 $\sigma = E\varepsilon$,钢构件在弹性阶段的应力可由量测的应变乘以量测的弹性模量求得。应变的量测在钢结构实验量测中占有重要地位,它是间接推算其他物理量的基础。

应变测量的方法有多种,最常用的是电测法和机测法。电测法中常用的方法是在试件测点粘贴电阻应变计,也称为电阻应变片,电阻应变片与试件同步变形,测量输出电信号。教学实验即采用电阻应变计测量应变。

电阻应变计的工作原理是当电阻应变计发生应变时,其电阻值发生变化,从而使得由电阻应变仪中的标准电阻和电阻应变计共同组成的惠斯顿电桥失去平衡,通过直接测量电桥失去平衡后的输出电压,可换算得到应变值。其接线方式有:全桥、半桥和 1/4 桥。有关电阻应变计更为详细的工作原理推导过程以及构造和性能、粘贴技术和温度补偿技术在大学物理课程、材料力学课程中都有讲述,这里不再赘述。

3. 电阻应变仪

结构工程中试件应变较小,相应电阻应变计的电阻变化值也较微弱,这样不容易直接检测出来,需要依靠放大器将信号放大。电阻应变仪正是电阻应变计量测应变的专用放大仪器。根据电阻应变仪工作频率范围可分为静态电阻应变仪和动态应变仪,它们的构件基本相同,即由测量电路、放大器、相敏检波器和电源等部分组成。其中,测量电路涉及电阻应变片的电阻应变仪之间的连接方法,测量电路的作用是将应变计的电阻变化转换为电压或电流的变化。

4. 位移传感器

位移是结构构件承受荷载作用最直接的反应,是实验中最基本的测量内容之一。位移能够反映结构构件的整体变形和总的工作性能。通过测量位移,可以区分结构构件的弹性和非弹性性质。位移测量的主要内容为某一特征点的荷载位移曲线,特征点一般为荷载作用下构件位移最大处或支座处等。

测量位移的仪器种类较多,主要有机械式和电子式等,机械式如千分表、百分表和挠度计;电子式如直线电阻式位移传感器(也称作滑线电阻式位移传感器)和差动变压器式位移传感器等。本教学实验中使用的是直线电阻式位移传感器,其类型为 YHD 型位移传感器,以下简称位移计。

YHD 型位移传感器的工作原理是采用应变片电桥原理进行测量。当任何机械量转为直线位移的变化量 ΔL,推动机械传动机构,使双触头在可变电阻上产生相应的变化,为了测试出微小变化量,由位移传感器中特制的双线密绕无感电阻组成外桥电阻,从而实现了机械量换成电量的目的。

5. 荷载传感器

在结构或构件实验中通常需要测量荷载。当使用千斤顶加载时,需要在千斤顶和试件间安装荷载传感器。荷载传感器分为机械式和电测式。机械式荷载传感器的工作原理是利用弹性元件感受力或液压,在力的作用下产生外力或液压相对应的变形,再用机械装置或电测装置放大和显示。用电阻应变计把弹性变形体的变形转变成电阻变化,然后再进行测量的即为电阻应变式荷载传感器。

6. 数据采集系统

数据采集系统通常由传感器、数据采集仪和控制器(计算机)组成。

1)传感器

传感器部分包括前面所述的各种电测传感器,它们把各种物理变量,如力、线位移、应变等转变为电信号。一般情况下,传感器输出的电信号可以直接输入数据采集仪,如果不满足输入要求,还要加上放大器等。

2) 数据采集仪

数据采集仪是一个集成部件,主要包括:

(1) 与各种传感器相对应的接线模块和多路断路器,与传感器连接,并对各个传感器进行扫描采集。

(2) 数字转换器,将扫描得到的模拟量转换为数字。

(3) 主机,其作用是按照指令控制整个数据采集仪进行数据采集。

(4) 存储器,可以存放指令和数据等。

(5) 其他辅助部件。

3) 计算机(控制器)

计算机通过运行程序对数据采集仪进行控制,对数据进行计算处理,可以实时存储数据,打印输出数据和显示图像。

2.2.3 仪器设备的主要技术性能指标

常用的仪器设备的主要技术性能指标有以下七项。

(1) 刻度值(最小分度值):仪器的指示或显示装置所能指示的最小测量值,即是每一最小刻度所表示被测量的数值。

(2) 量程:仪器可以测量的最大范围与最小范围之间的量测范围。

(3) 灵敏度:被测量的单位物理量所引起仪器输出或显示装置示值的大小,即仪器对被测物理量变化的反应能力。

(4) 分辨率:仪器测量被测物理量最小变化值的能力。

(5) 线形度:仪器校准曲线对理想拟合直线的接近程度,可用校准曲线与拟合直线的最大偏差作为评定指标,并用最大偏差和满量程输出的百分比来表示。

(6) 稳定性:被测物理量数值不变,仪器在规定的时间内保持示值一致的能力。

(7) 重复性:在同一工作条件下,仪器多次重复测量同一数值的被测量时保持示值一致的能力。

2.3 实验安全与防护

实验安全问题是关系到所有实验人员的生命是否安全、财产设备是否受损、实验能否顺利进行的重要问题。因此,在实验前期的设计阶段就需要充分重视实验安全问题,并根据具体实验情况,制订行之有效的实验安全措施及应急预案。实验安全措施是指保证实验人员人身安全以及设备、仪表安全的措施。

目前,有关结构实验方面的标准主要是《混凝土结构试验方法标准》(GB/T 50152—2012),该标准对"实验安全"的规定如下:

(1)结构实验方案应包含保证实验过程中人身和设备仪表安全的措施及应急预案。实验前实验人员应学习、掌握实验方案中的安全措施及应急预案;实验中应设置熟悉实验工作的安全员,负责实验全过程的安全监督。

(2)制定结构加载方案时,应采用安全性高、有可靠保护措施的加载方式,避免在加载过程中结构破坏或加载能量释放伤及实验人员或造成设备、仪表损坏。

(3)在实验准备工作中,实验试件、加载设备、荷载架等的吊装,设备仪表、电气线路等的安装,实验后试件和实验装置的拆除,均应符合有关建筑安装工程安全技术规定的要求。吊车司机、起重工、焊工、电工等实验人员需经专业培训且具有相应的资质。实验加载过程中,所有设备、仪表的使用均应严格遵守有关的操作规程。

(4)实验用的荷载架、支座、支墩、脚手架等支承及加载装置均应有足够的安全储备,现场实验的地基应有足够的承载力和刚度。安装试件的固定连接件、螺栓等应经过验算,并保证发生破坏时不致弹出伤人。

(5)实验过程中应确保人员安全,实验区域应设置明显的标志。实验过程中,实验人员测读仪表、观察裂缝和进行加载等操作均应有可靠的工作台或脚手架。工作台和脚手架不应妨碍实验结构的正常变形。

（6）实验人员应与实验设施保持足够的安全距离，或设置专门的防护装置，将试件与人员和设备隔离，避免因试件、堆载或实验设备倒塌及倾覆造成伤害。对可能发生试件脆性破坏的实验，应采取屏蔽措施，防止试件突然破坏时碎片或者锚具等物体飞出危及人身、仪表和设备的安全。

（7）对桁架、薄腹梁等容易倾覆的大型结构构件，以及可能发生断裂、坠落、倒塌、倾覆、平面外失稳的实验试件，应根据安全要求设置支架、撑杆或侧向安全架，防止试件倒塌危及人员及设备安全。支架、撑杆或侧向安全架与实验试件之间应保持较小间隙，且不应影响结构的正常变形；悬吊重物加载时，应在加载盘下设置可调整支垫，并保持较小间隙，防止因试件脆性破坏造成的坠落。

（8）实验用的千斤顶、分配梁、仪表等应采取防坠落措施，仪表宜采用防护罩加以保护。当加载至接近试件极限承载力时，宜拆除可能因结构破坏而损坏的仪表，改用其他量测方法；对需继续量测的仪表，应采取有效的保护措施。

钢结构基本原理实验教学中，实验室按照上述内容做出了实验安全规定，制定了实验安全措施，并着重对加载反力架采取特别防护措施，增加了特制防护玻璃，可有效防范构件失稳或螺栓弹出等突发破坏模式下的不可预见风险。

思 考 题

1. 一个完整的实验过程，包括哪些阶段，每个阶段的主要工作是什么？

2. 钢结构基本原理实验使用的主要实验装置和仪器设备有哪些？

3. 结构实验安全包括哪些方面？

第 3 章

钢材材性实验

钢材的材性实验是开展构件和结构实验前的基础性实验,根据现行国家标准《金属材料　拉伸试验　第 1 部分：室温试验方法》(GB/T 228.1—2021)进行实验。

3.1　实验目的

通过钢材的单向拉伸实验,获得钢材基本力学性能指标：弹性模量 E、屈服强度 f_y、极限强度 f_u 和断后伸长率 δ 等。

3.2　试样

试样应按现行国家标准《金属材料　拉伸试验　第 1 部分：室温试验方法》(GB/T228.1—2021)的规定进行加工,拉伸试样可分为比例试样和非比例试样两种。比例试样是指按相似原理,原始标距 L_o 与试样截面积平方根 $\sqrt{S_o}$ 有一定的比例关系,即 $L_o = k\sqrt{S_o}$,国际上使用的比例系数 k 的值为 5.65。原始标距 L_o 应不小于 15 mm。非比例试样其原始标矩 L_o 与原始横截面积 S_o 无关。试样的加工还需要结合具体实验设备的情况进一步确定夹头部分的尺寸。

3.3　实验设备

　　钢材试样在万能实验机上进行单向拉伸实验,常用的电子万能实验机如图3-1所示。电子万能实验机的工作原理是计算机系统通过控制器,经调速系统控制伺服电机转动,经减速系统减速后通过精密丝杠副带动移动横梁上升、下降,完成试样的拉伸、压缩、弯曲、剪切等多种力学性能实验。

　　拉伸实验通常需要有配套的轴向引伸计,如图3-2所示,以便于准备测量试样变形,并获得精确的弹性模量和屈服强度等力学性能指标。

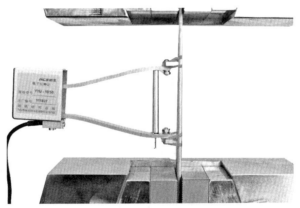

图 3-1　电子万能实验机　　　　　　图 3-2　轴向引伸计

3.4　实验原理

　　实验系用拉力拉伸试样,一般拉至断裂,测定需要的力学性能指标。除非另有规定,实验一般在室温10~35℃范围内进行。

　　试样进行单向拉伸实验时,拉力由负荷传感器测得,位移由光电编码传感器测得,变形由安装在试样上的轴向引伸计测得。各种传感器和引伸计都通过数字控制器与实验机相连,因此,钢材单向拉伸时的力与位移的关系曲线,力与变形的关系曲线都实时存储在计算机中,并反映在显示器上。

3.5　实验方法

《金属材料　拉伸试验　第1部分:室温试验方法》(GB/T 228.1—2021)规定了两种实验速率的控制方法。方法 A 是基于应变速率(包括横梁位移速率)的控制模式,方法 B 是基于应力速率的控制模式。

3.6　实验结果

钢材材性试件经过单向拉伸实验后如图 3-3 所示。

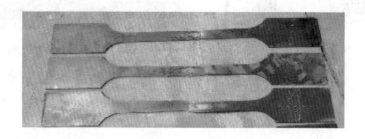

图 3-3　经过单向拉伸实验后的试件

通过钢材单向拉伸实验,可以获得力、位移、变形、应力、应变等实验数据,通过对实验数据处理,可绘制应力-应变关系曲线,测得屈服强度 f_y、极限强度 f_u 和弹性模量 E。伸长率 δ 可以通过测量断后伸长量获得。本教学实验获得的 Q235 钢材应力-应变关系曲线如图 3-4 所示,材性实验结果记录如表 3-1 所示。

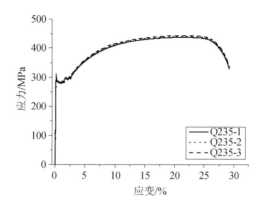

图 3-4　Q235 钢材材性实验获得的应力-应变关系曲线

表 3-1　材性实验结果记录表

材性试件编号	f_y/MPa	f_u/MPa	δ/%	E/MPa
1				
2				
3				
平均值				

思 考 题

1. 进行钢材材性实验,需要用到哪些仪器设备?

2. 进行钢材材性实验,需要测试哪些物理量?

3. 通过钢材材性实验,可以获得哪些力学性能指标?

第 4 章

轴心受压钢构件整体稳定性实验

　　轴心受压钢构件是指只承受通过构件截面形心线的轴向压力作用的钢构件。整体失稳破坏是轴心受压钢构件的主要破坏形式。轴心受压构件整体失稳的破坏形式与截面形式有密切关系,本章主要介绍典型截面轴心受压钢构件的整体稳定性实验。

4.1　实验目的

　　(1)了解各种典型截面,主要包括工字形截面、十字形截面、T形截面、L形截面轴心受压钢构件整体稳定性实验方法,包括试件设计、实验装置设计、加载方式、测点布置、实验预分析,实验结果整理与分析等。

　　(2)观察各种典型截面轴心受压钢构件的整体失稳过程和失稳模式,加深对其整体稳定性概念的理解。

　　(3)将轴心受压钢构件理论承载力和实测承载力进行比较,加深对各种典型截面轴心受压钢构件整体稳定系数及其计算公式的理解。

4.2　实验原理

4.2.1　轴心受压钢构件整体稳定概念

　　轴心受压构件在轴心压力较小时处于稳定平衡状态,如有微小干扰力使其偏离平衡位置,则在干扰力被除去后,仍能恢复到原来的平衡状态。随着轴心压力的增加,轴心受压构件会由稳定平衡状态逐步过渡到随遇平衡状态,这时如有微小干扰力使其偏离平衡位置,则在干扰力被除去后,将停留在新的位置而不能恢复到原来的平衡位置。随遇平衡状态也称为临界状态,这时的轴心压力称为临界压力。当轴心压力超过临界压力后,构件不能维持平衡而出现失稳破坏。

1. 理想轴心压杆的整体稳定

欧拉早在 18 世纪就对轴心压杆的整体稳定问题进行了研究。采用的是“理想压杆模型”,即假定杆件是等截面直杆,压力的作用线与截面的形心纵轴重合,材料是完全均匀和弹性的,得到的著名欧拉临界力和欧拉临界应力公式如下:

$$N_E = \frac{\pi^2 EA}{\lambda^2} \tag{4-1}$$

$$\sigma_E = \frac{\pi^2 E}{\lambda^2} \tag{4-2}$$

式中　N_E—— 欧拉临界力;

　　　E—— 材料的弹性模量;

　　　A—— 压杆的截面面积;

　　　λ—— 压杆的最大长细比。

当轴心压力 $N < N_E$ 时,压杆维持直线平衡,不发生弯曲;当 $N = N_E$ 时,压杆发生弯曲并处于曲线平衡状态,压杆发生屈曲,也称压杆处于临界状态。因此 N_E 时压杆的屈曲压力,欧拉临界力也因此而得名。由式(4-2)可知,当材料的弹性模量为定值时,欧拉临界力只与压杆的长细比有关,σ_E 与 λ 的关系如图 4-1 所示。

1974 年,香莱(Shanley)研究了“理想轴心压杆”的非弹性稳定问题,并提出当压力钢超过 N_t 时,就不能维持直线平衡而发生弯曲。N_t 按下式计算:

$$N_t = \frac{\pi^2 E_t A}{\lambda^2} \tag{4-3}$$

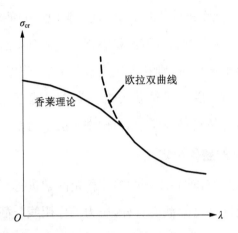

图 4-1　欧拉应力以及切线模量临界应力与长细比的关系曲线

式中，E_t 为压杆屈曲时材料的切线模量。因此 N_t 称为切线模量临界力。用应力表示的 σ_t 称为切线模量临界力。

$$\sigma_t = \frac{\pi^2 E_t}{\lambda^2} \tag{4-4}$$

σ_t 与 λ 的关系如图 4-1 的左半段所示。

理想轴心压杆屈曲后，其弯曲变形会迅速增加，因此将屈曲压力和屈曲应力作为压杆的稳定极限承载力和临界应力，考虑安全因素后的设计值，就作为轴心受压杆件的稳定承载力设计值和临界应力设计值。临界应力设计值 σ_{crd} 和 λ 的关系也可如图 4-1 所示的形式绘出。σ_{crd}-λ 曲线可作为设计轴心受压构件的依据，也称为柱子曲线。

2. 实际轴心压杆的整体稳定

实际轴心压杆与理想轴心压杆有很大区别。实际轴心压杆都带有多种初始缺陷，如杆件的初弯曲、初扭曲、荷载作用的初偏心、制作引起的残余应力，材性的不均匀，等等。这些初始缺陷使轴心压杆在受力一开始就会出现弯曲变形，压杆的失稳属于极值型失稳。而且这些初始缺陷对失稳极限荷载值都会有影响，因此实际轴心压杆的稳定极限承载力不再是长细比 λ 的唯一函数。这个情况也得到了大量实验结果的证实。图 4-2 是轴心压杆的稳定实验结果，可以看出实

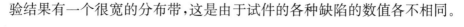

验结果有一个很宽的分布带,这是由于试件的各种缺陷的数值各不相同。

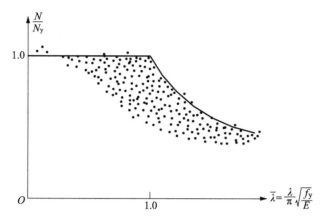

图 4-2 轴心压杆的稳定实验结果

4.2.2 轴心受压钢构件的弹性微分方程

轴心受压构件整体失稳模式与截面形式有密切关系。以下将从推导微分方程的过程来说明典型截面轴心受压构件的整体失稳模式。

钢结构压杆一般都是开口薄壁杆件。根据开口薄壁杆件理论,具有初始缺陷的轴心压杆的弹性微分方程为

$$EI_x(v'' - v_0'') + Nv - Nx_0\theta = 0 \qquad (4\text{-}5\text{a})$$

$$EI_y(u'' - u_0'') + Nu - Ny_0\theta = 0 \qquad (4\text{-}5\text{b})$$

$$EI_\omega(\theta''' - \theta_0''') - GI_t(\theta' - \theta_0') - Nx_0v' + Ny_0u' + (r_0^2 N - \bar{R})\theta' = 0$$
$$(4\text{-}5\text{c})$$

式中 N ——轴心压力;

I_x,I_y —— 截面对主轴 x 和 y 的惯性矩;

I_ω ——截面扇性惯性矩;

I_t ——截面的抗扭惯性矩;

u，v，θ——构件剪力中心轴的三个位移分量，即在 x 轴、y 轴方向的位移和绕 z 轴的转动角；

u_0，v_0，θ_0——构件剪力中心轴的三个初始位移分量，即考虑初弯曲和初扭曲等初始缺陷；

x_0，y_0——剪力中心的坐标。

$$r_0^2 = \frac{I_x + I_y}{A} + x_0^2 + y_0^2 \tag{4-6}$$

$$\bar{R} = \int_A \sigma_r (x^2 + y^2) \mathrm{d}A \tag{4-7}$$

式中　σ_r——截面上的残余应力，以拉应力为正。

4.2.3　双轴对称截面轴心受压构件的失稳形式

双轴对称截面的剪力中心与形心重合，因此 $x_0 = y_0 = 0$，代入式（4-5a）可得

$$EI_x(v'' - v_0'') + Nv = 0 \tag{4-8a}$$

$$EI_y(u'' - u_0'') + Nu = 0 \tag{4-8b}$$

$$EI_\omega(\theta''' - \theta_0''') - GI_t(\theta' - \theta_0') + r_0^2 N\theta' - \bar{R}\theta' = 0 \tag{4-8c}$$

式（4-8）说明双轴对称截面轴心压杆在弹性阶段工作时，三个微分方程互相独立，可以分别对其单独研究。在弹塑性阶段，当研究式（4-8a）时，只要截面上的残余应力对称于 y 轴，同时又有 $u_0 = 0$ 和 $\theta_0 = 0$，则该式将始终与其他两式无关，可以单独研究。这样，压杆将只发生 y 方向的位移，整体失稳呈弯曲变形状态，成为弯曲失稳。

同样，式（4-8b）也是弯曲失稳，只是弯曲失稳的方向不同而已。

对于式（4-8c），如果残余应力对称于 x 轴和 y 轴分布，同时假定 $u_0 = 0$，$v_0 = 0$，则压杆将只发生绕 z 轴的转动，失稳时杆件呈扭转变形状态，称为扭转失稳。

对于理想压杆，由式（4-8a）、式（4-8b）和式（4-8c）可分别求得欧拉弯曲失稳

临界力 N_{Ex}、N_{Ey} 和欧拉扭转失稳临界力 $N_{E\theta}$。

$$N_{Ex} = \frac{\pi^2 E I_x}{l_{0x}^2} \qquad (4\text{-}9)$$

$$N_{Ey} = \frac{\pi^2 E I_y}{l_{0y}^2} \qquad (4\text{-}10)$$

$$N_{E\theta} = \left(\frac{\pi^2 E I_\omega}{l_{0\theta}^2} + G I_t + \bar{R} \right) \frac{1}{r_0^2} \qquad (4\text{-}11)$$

式中 l_{0x}，l_{0y} —— 构件弯曲失稳时绕 x 轴和 y 轴的计算长度；

$l_{0\theta}$ —— 构件扭转失稳时绕 z 轴的计算长度。

$$l_{0x} = \mu_x l \qquad (4\text{-}12)$$

$$l_{0y} = \mu_y l \qquad (4\text{-}13)$$

$$l_{0\theta} = \mu_\theta l \qquad (4\text{-}14)$$

式中 l —— 构件长度；

μ_x，μ_y，μ_θ —— 计算长度系数，由构件的支承条件确定。

式(4-9)—式(4-11)也可写成另一种形式，如下所示：

$$N_{Ex} = \frac{\pi^2 E A}{\lambda_x^2} \qquad (4\text{-}15)$$

$$N_{Ey} = \frac{\pi^2 E A}{\lambda_y^2} \qquad (4\text{-}16)$$

$$N_{E\theta} = \frac{\pi^2 E A}{\lambda_\theta^2} \qquad (4\text{-}17)$$

式中 λ_x，λ_y —— 构件绕 x 轴、y 轴的长细比；

λ_θ —— 构件扭转长细比。

$$\lambda_x = \frac{l_{0x}}{\sqrt{\dfrac{I_x}{A}}} \qquad (4\text{-}18)$$

$$\lambda_y = \frac{l_{0y}}{\sqrt{\dfrac{I_y}{A}}} \tag{4-19}$$

$$\lambda_\theta = \frac{l_{0\theta}}{\sqrt{\dfrac{I_\omega}{Ar_0^2} + \dfrac{l_{0\theta}^2}{\pi^2} \cdot \dfrac{GI_t + \bar{R}}{EAr_0^2}}} \tag{4-20}$$

1. 工字形截面轴心受压钢构件的失稳形式

工字形截面属于双轴对称截面,因此工字形截面轴心受压构件只可能发生弯曲失稳或扭转失稳。对于常见的非薄壁工字形截面,其截面的抗扭刚度 GI_t 和翘曲刚度 EI_ω 都很大,因此不会发生扭转失稳。当构件未设置沿截面强轴的支撑时,由于工字形截面绕强轴的惯性矩大于绕弱轴的惯性矩,因此构件将发生绕弱轴的弯曲失稳,如图 4-3 所示。

图 4-3　工字形截面柱的弯曲失稳

2. 十字形截面轴心受压钢构件的失稳形式

十字形截面属于双轴对称截面,但是其抗扭刚度和翘曲刚度较小。对于未设置平面外支撑的十字形截面构件,当构件较长时,构件发生绕弱轴的弯曲失稳;而当构件较短时,构件将发生扭转失稳,如图 4-4 所示。

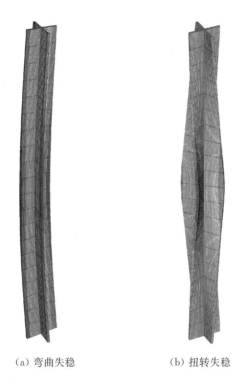

（a）弯曲失稳   （b）扭转失稳

图 4-4　十字形截面柱的整体失稳

4.2.4　单轴对称截面轴心受压构件的失稳形式

单轴对称截面的剪力中心在对称轴上。设对称轴为 x 轴,则有 $y_0 = 0$,代入式(4-5),可得

$$EI_x(v'' - v_0'') + Nv - Nx_0\theta = 0 \tag{4-21a}$$

$$EI_y(u'' - u_0'') + Nu = 0 \tag{4-21b}$$

$$EI_\omega(\theta''' - \theta'''_0) - GI_t(\theta' - \theta'_0) - Nx_0v' + r_0^2N\theta' - \bar{R}\theta' = 0 \quad (4\text{-}21c)$$

由式(4-21)可以看出,在弹性阶段,单轴对称截面轴心受压构件的三个微分方程中有两个是相互联立的,即在 y 轴方向弯曲产生变形 v 时,必定伴随扭转变形 θ,反之亦然。这种形式的失稳称为弯扭失稳,而式(4-21b)仍可独立求解,因此单轴对称截面轴心压杆在对称平面内失稳时,仍为弯曲失稳。

1. T形截面轴心受压钢构件的失稳形式

T形截面属于单轴对称截面,而且其对称轴为弱轴,因此,当不设置平面外支撑时,T形截面轴心受压构件总是发生弯扭失稳,如图4-5所示。

图 4-5　T形截面柱的弯扭失稳

2. 等肢L形截面轴心受压钢构件的失稳形式

等肢L形截面属于单轴对称截面,其对称轴为强轴。对于未设置平面外支撑的等肢L形截面构件,当构件较长时,构件发生绕弱轴的弯曲失稳;当构件较短时,构件将发生弯扭失稳,如图4-6所示。

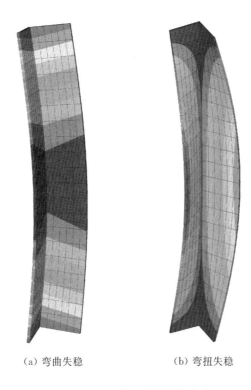

（a）弯曲失稳　　　　　　　　（b）弯扭失稳

图 4-6　L 形截面柱的整体失稳

4.2.5　轴心受压钢构件的整体稳定计算

1. 弯曲失稳极限承载力

目前,弯曲失稳极限承载力的准则有两种:一种是采用边缘纤维屈服准则,即当截面边缘纤维的应力达到屈服点时,就认为轴心受压构件达到了弯曲失稳极限承载力;另一种是采用稳定极限承载力理论,即当轴心受压构件的压力达到极值型失稳的顶点时,才达到了弯曲失稳极限承载力。

临界应力 σ_{cr} 按边缘纤维屈服准则计算,即得佩利(Perry)公式

$$\sigma_{cr}=\frac{f_y+(1+\varepsilon_0)\sigma_{Ex}}{2}-\sqrt{\left[\frac{f_y+(1+\varepsilon_0)\sigma_{Ex}}{2}\right]^2-f_y\sigma_{Ex}}\qquad(4-22)$$

45

$$\varepsilon_0 = \frac{A\Delta_0}{W_x} \qquad\qquad (4\text{-}23)$$

式中　ε_0——初偏心率；

　　　σ_{Ex}——欧拉应力。

临界应力 σ_{cr} 按稳定极限承载力理论计算时，可以考虑影响轴心压杆稳定极限承载力的许多因素，是比较精确的方法。《钢结构设计标准》(GB 50017—2017)(简称《标准》)采用了这个方法。

《标准》对轴心受压构件的整体稳定计算采用下列形式：

$$\frac{N}{\varphi A f} \leqslant 1.0 \qquad\qquad (4\text{-}24)$$

式中　N——轴心压力设计值；

　　　A——构件的毛截面面积；

　　　f——钢材的抗拉强度设计值，按钢材的设计用强度指标采用；

　　　φ——轴心受压构件的整体稳定系数，在计算 φ 时，应先计算轴心受压构件的长细比。

《标准》在计算轴心受压钢构件的整体稳定时，按稳定极限承载力理论。采用有缺陷的实际轴心受压钢构件作为计算模型，以初弯曲为 1/1000，选用不同的截面形式，不同的残余应力模式，用数值分析方法来计算构件的极限承载力 N_u 值。令 $\bar{\lambda} = \lambda/(\pi\sqrt{E/f_y})$，$\bar{\lambda}$ 为正则化长细比，$\varphi = N_u/(Af_y)$，φ 为轴心受压构件的整体稳定系数。绘制柱的 $\bar{\lambda}$-φ 曲线。

根据《标准》计算出近 200 条柱子曲线，这些曲线呈相当宽的带状分布。然后依据数理统计原理将这些柱曲线分成 A、B、C、D 四组。这四条平均曲线及其 95% 的信赖带全部覆盖了这些曲线所组成的分布带，如图 4-7 所示。《标准》中附录 C 用表格形式给出了这四条曲线的 φ 值，又对应四条曲线将轴心受压钢构件截面相应分为 a、b、c、d 四类。《标准》除给出 φ 值表外，还采用最小二乘法将各类截面的 φ 值拟合为公式，方便设计时计算。

稳定系数 φ 值的计算式为

当 $\bar{\lambda} \leqslant 0.215$ 时，

$$\varphi = \frac{\sigma_{cr}}{f_y} = 1 - \alpha_1 \bar{\lambda}^2 \qquad (4-25)$$

当 $\bar{\lambda} \geqslant 0.215$ 时，

$$\varphi = \frac{\sigma_{cr}}{f_y} = \frac{1}{2\bar{\lambda}^2} \left[(\alpha_2 + \alpha_3 \bar{\lambda} + \bar{\lambda}^2) - \sqrt{(\alpha_2 + \alpha_3 \bar{\lambda} + \bar{\lambda}^2)^2 - 4\bar{\lambda}^2} \right] \qquad (4-26)$$

式中　　$\alpha_1, \alpha_2, \alpha_3$——系数，根据不同曲线类别按《标准》的附录 D 取用。

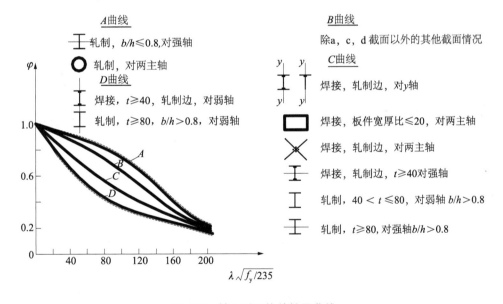

图 4-7　轴心受压构件柱子曲线

2. 单轴对称截面弯扭失稳极限承载力

如前所述，单轴对称截面在对称平面内失稳时为弯曲失稳，因此极限承载力可按上述公式计算。但在非对称平面内失稳时，为弯扭失稳，因此其极限承载力不同于弯曲失稳时的极限承载力。

根据经典弹性理论,单轴对称截面弯扭失稳的临界应力可按下式计算:

$$N_{E\omega} = \frac{\pi^2 EA}{\lambda_\omega^2} \qquad (4-27)$$

$$\sigma_{E\omega} = \frac{\pi^2 E}{\lambda_\omega^2} \qquad (4-28)$$

$$\lambda_\omega^2 = \frac{1}{2}(\lambda_x^2 + \lambda_\theta^2) + \frac{1}{2}\sqrt{(\lambda_x^2 + \lambda_\theta^2)^2 - 4\left(1 - \frac{x_0^2}{r_0^2}\right)\lambda_x^2\lambda_\theta^2} \qquad (4-29)$$

式中,λ_ω 为弯扭失稳时的换算长细比,也称作等效弯扭长细比。

对于单轴对称截面的弯扭失稳极限承载力计算时,应采用换算长细比,计算稳定系数 φ。

4.3　实验设计

4.3.1　试件设计

试件是结构实验的对象,通常是指实验时用于加载和量测的构件、连接或结构。

轴心受压构件整体稳定性实验的试件设计通常包括设计试件截面、试件长度以及选用钢材牌号等方面。在设计实验试件时应考虑三个因素:

(1) 充分实现实验目的,针对具体的失稳破坏形式,设计相应的试件。

(2) 合理设计试件尺寸,使其能够在加载设备上加载。

(3) 考虑一定的经济性。

由于实验目的是实现轴心受压构件的整体失稳,因此在设计不同截面形式的试件时,充分考虑了局部失稳,通过限制板件的宽厚比来避免板件发生局部失稳。

1. 工字形截面轴心受压钢构件

根据反力架的尺寸以及千斤顶的最大行程与加载能力,本实验设计的工字形截面轴心受压试件主要参数如下,如图 4-8 所示,单位为 mm。

① 试件截面(工字形截面):$h \cdot b \cdot t_w \cdot t_f = 100 \times 60 \times 4 \times 4$;

② 试件长度:$L = 928,1\,128,1\,328,1\,528,1\,728,1\,928$;

③ 钢材牌号:Q235B。

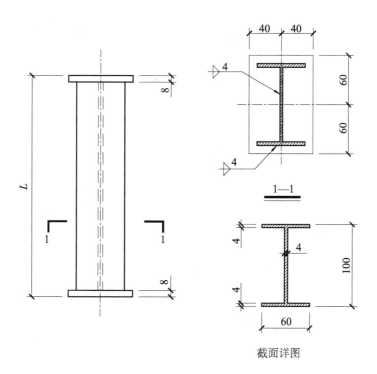

截面详图

图 4-8 工字形截面轴心受压钢柱试件设计图

2. 十字形截面轴心受压钢构件

根据反力架的尺寸以及千斤顶的最大行程与加载能力,本实验设计的十字形截面轴心受压钢构件试件主要参数如下,如图 4-9 所示,单位为 mm。

① 试件截面(十字形截面):$b \cdot t = 90 \times 6.0$,$b \cdot t = 150 \times 4$;

② 试件长度:$L = 228,328,428,528,928,1\,128,1\,328,1\,528,1\,728$;

③ 钢材牌号:Q235B。

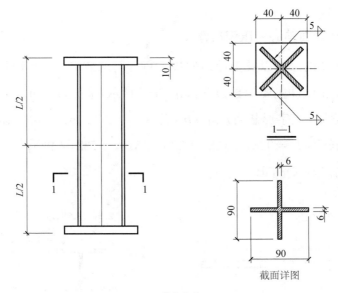

（a）弯曲失稳

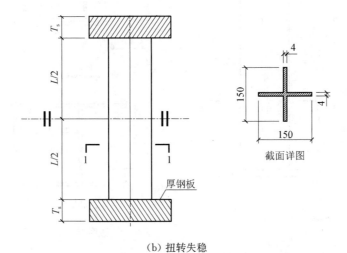

（b）扭转失稳

图 4-9　十字形截面轴心受压钢柱试件设计图

3. T形截面轴心受压钢构件

根据反力架的尺寸以及千斤顶的最大行程与加载能力,本实验设计的 T 形截面轴心受压试件主要参数如下,如图 4-10 所示,单位为 mm。

① 试件截面(T 形截面):$h \cdot b \cdot t_w \cdot t_f = 80 \times 70 \times 4 \times 4$;

② 试件长度:$L = 328,528,728,928,1\,128,1\,328,1\,528$;

③ 钢材牌号:Q235B。

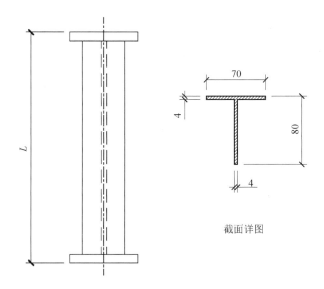

图 4-10　T 形截面轴心受压钢柱试件设计图

4. L 形截面轴心受压钢构件

根据反力架的尺寸以及千斤顶的最大行程与加载能力,本实验设计的 L 形截面轴心受压试件主要参数如下,试件截面如图 4-11 所示,单位为 mm。

① 试件截面(L 形截面):$b \cdot t = 63 \times 5.0$;

② 试件长度:$L = 228, 328, 428, 528, 928, 1\,128, 1\,328, 1\,528, 1\,728$;

③ 钢材牌号:Q235B。

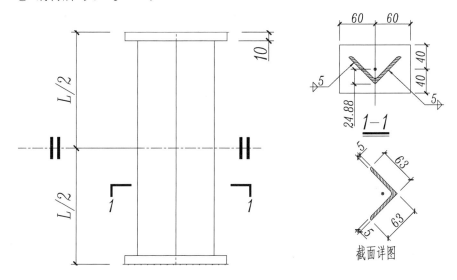

图 4-11　L 形截面轴心受压钢柱试件设计图

4.3.2 实验装置设计

图 4-12 为典型截面轴心受压构件整体稳定性实验采用的实验装置设计图，加载设备为千斤顶。构件竖向放置，将千斤顶置于构件上端来施加轴心压力，荷载值由液压传感器测得。

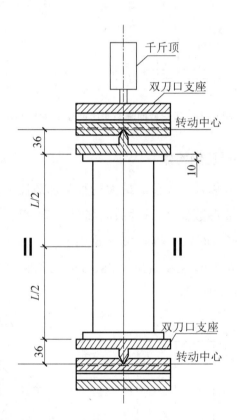

图 4-12 轴心受压构件整体稳定性实验装置设计图(L 形截面为例)

实验时，通常需要将试件放置在支座上进行加载，因此支座作为实现实验目的的边界条件至关重要。轴心受压构件整体稳定性实验需要将构件两端设计为理想铰接的边界条件，为实现这一要求，专门设计了双刀口固定铰支座，如图 4-13 所示。

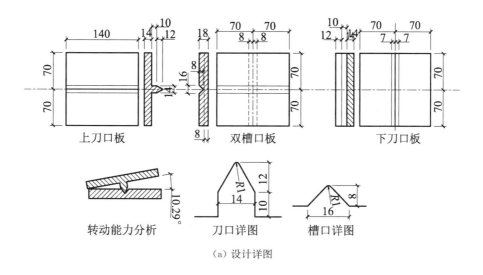

（a）设计详图

（b）实物图

图 4-13 双刀口支座

双刀口支座具有良好的转动性能,可实现双向转动,同时满足端部不可翘曲、端部不可扭转的约束条件。实验中应根据不同截面轴心受压构件失稳方向,确定刀口的摆放方向。如工字形截面轴心受压构件主要发生绕弱轴的弯曲失稳,因此下刀口摆放方向设置为与试件腹板平行的方向。实验时,还需要注意对于双刀口支座,构件计算长度取值的问题。可结合双刀口支座的构造,从铰支座发生转动的物理意义来确定构件失稳时绕 X、Y、Z 轴的计算长度。

各种截面轴心受压钢构件安装在实验装置上的实物如图 4-14 所示。

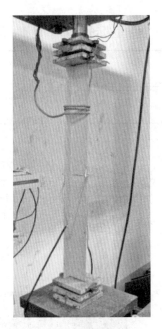

（a）工字形截面　　　　　　　　　　（b）T 形截面

（c）十字形截面（长柱）　　　　　　（d）十字形截面（短柱）

图 4-14　各种典型截面轴心受压钢构件整体失稳实验装置图

4.3.3 加载方式

轴心受压构件整体稳定实验采用单调加载,并采用分级加载和连续加载相结合的加载方式。在加载初期,当荷载小于理论承载力的 80% 时,采用分级加载制度,每次加载时间间隔为 2 min;当荷载接近理论承载力时,改用连续加载的方式,但加载速率应控制在合理范围之内。在正式加载前,为检查仪器仪表工作状况和压紧试件,需进行预加载,预加载所用的荷载可取为分级荷载的前 3 级。

具体加载步骤如下:

(1) 当荷载小于理论承载力的 60% 时,采用分级加载,每级荷载增量不宜大于理论承载力计算值的 20%。

(2) 当荷载小于理论承载力的 80% 时,仍采用分级加载,每级荷载增量不宜大于理论承载力计算值的 5%。

(3) 当荷载超过理论承载力的 80% 以后,改用连续加载,加载速率一般控制在每分钟荷载增量不宜大于理论承载力计算值的 5%;加载过程连续采集数据。

(4) 当构件达到极限承载力时,停止加载,但保持千斤顶回油阀为关闭状态,持续 3 min 左右。由于构件达到了失稳状态,因此即使关闭回油阀,荷载仍然会下降,而试件的变形将继续发展。

(5) 最后缓慢平稳地打开千斤顶回油阀,将荷载逐渐卸载至零。

4.3.4 测点布置

通常在构件进行实验的过程中,需要布置相应的测点测量荷载、应变、变形、转角等物理量,测点布置的原则是:数量合理、方便控制实验过程、数据之间可以相互印证。

图 4-15 给出了工字形截面轴心受压试件的应变片和位移计布置情况。在试件的中央布置了 3 个水平位移计,其中,1 个位移计平行于腹板放置,另外 2 个位移计平行于翼缘放置,分别记为 D1、D2、D3;布置了 4 片应变片,在中央截面

的翼缘外侧,分别记为 S1、S2、S3、S4。

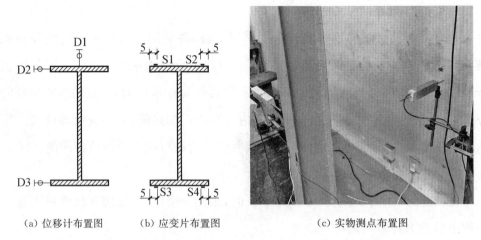

（a）位移计布置图　　　　（b）应变片布置图　　　　（c）实物测点布置图

图 4-15　工字形截面轴心受压构件整体稳定性实验测点布置图

图 4-16 给出了十字形截面轴心受压试件的应变片和位移计布置情况。在试件的跨中截面上布置了 8 个水平位移计,分别记为 D1~D8;布置了 8 片纵向应变片,在中央截面的翼缘外侧,分别记为 S1~S8。

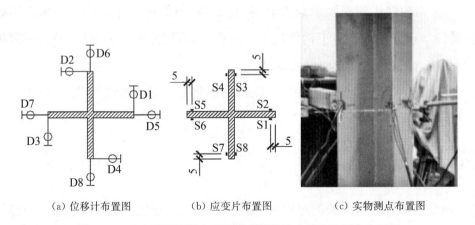

（a）位移计布置图　　　　（b）应变片布置图　　　　（c）实物测点布置图

图 4-16　十字形截面轴心受压构件整体稳定性实验测点布置图

图 4-17 给出了 T 形截面轴心受压试件的应变片和位移计布置情况。在试件的中央布置了 3 个水平位移计,其中,1 个位移计平行于腹板放置,另外 2 个位移计平行于翼缘放置,分别记为 D1、D2、D3;布置了 4 片应变片,在中央截面的翼缘外侧,分别记为 S1、S2、S3、S4。

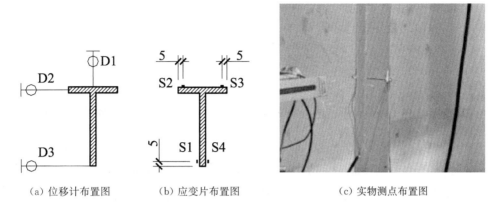

（a）位移计布置图　　　　（b）应变片布置图　　　　（c）实物测点布置图

图 4-17　T 形截面轴心受压构件整体稳定性实验测点布置图

图 4-18 给出了 L 形截面轴心受压试件的应变片和位移计布置情况。在试件的跨中截面上布置了 6 个水平位移计，分别记为 D1～D6；布置了 6 片纵向应变片，在中央截面的翼缘外侧，分别记为 S1～S6。

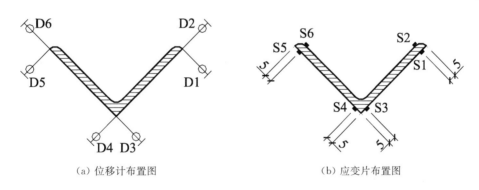

（a）位移计布置图　　　　　　　　（b）应变片布置图

图 4-18　L 形截面轴心受压构件整体稳定性实验测点布置图

4.3.5　实验预分析

实验前需要对试件失稳荷载的大致范围做一估算，估算的方法有以下三种。

（1）临界压力估算。两端简支的理想轴心受压构件的临界压力可以根据式（4-16）或式（4-27）计算得到。

（2）极限承载力估算。极限承载力估算根据《钢结构设计标准》（GB 50017—2017）的规定进行，即

$$N_u = \varphi A f_y \qquad (4-30)$$

需要指出的是，在计算极限承载力时采用的强度指标应是钢材屈服强度实测值 f_y，而非强度设计值 f。

（3）采用有限元法估算。采用有限元法获得试件的极限承载力是实验前期设计工作中常用的方法，就是通过有限元分析软件对构件进行建模，施加荷载，然后进行计算获得构件的极限承载力。有限元法估算对于本教学实验来说属于拓展内容，不做具体要求。

4.4 实验实施

实验实施过程主要包括准备阶段和加载阶段。以下介绍各阶段的工作内容。

4.4.1 准备阶段

1. 试件检查与安装

试件进场前需对试件进行检查，检查的内容包括对试件进行外观检查，检查是否存在显著焊接残余变形、板件缺口、裂纹等明显缺陷，测量试件的初始挠曲并做出书面记录。

经过检查合格的试件，再进行安装，具体工作包括：

（1）试件和加载设备的安装就位。

（2）粘贴应变片。

（3）布置位移计。

（4）各种仪器设备导线连接。

（5）根据实际情况完善安全与防护措施。

2. 试件截面实测

由于设计阶段采用的名义截面和实际加工后的截面之间仍有一定差别，因此需要实测截面各个参数，$h \cdot b \cdot t_w \cdot t_f$，一般实测 3～5 个截面进行记录，记录表格如表 4-1 所示。

表 4-1　试件几何参数实测记录表　　　　　　　　　　　　　　　（mm）

截面参数	截面 1	截面 2	截面 3	截面 4	截面 5	平均值
截面高度 h						
截面宽度 b						
翼缘厚度 t_f						
腹板厚度 t_w						
支座间距 L						

3. 钢材材性实验

材性试件从与试件所用同批钢材中取样，根据第 3 章所述的方法，在万能实验机上对材性试件进行单向拉伸实验。通过材料拉伸实验，可以测得试件的弹性模量 E、屈服强度 f_y、极限强度 f_u 和伸长率 δ 等，为构件的承载力计算提供必要的参数。

4. 仪器设备标定

为了确定仪器设备的灵敏度和精确度、确定实验数据的误差，应该在实验前或实验后对仪器设备进行标定。仪器标定可按两种情况进行，一是对仪器进行单件标定，二是对仪器系统进行系统标定。单件标定可以确定某一件仪器的灵敏度和精确度，系统标定可以确定某些仪器组成的系统的灵敏度和精确度。通常需要标定的设备包括千斤顶、油压传感器、位移计、应变片和数据采集板等。

5. 检查测点

正式开始实验前,需要检查测点,特别是对位移计和应变片的工作状态进行再次确认,辨识位移计的方向、量程和应变片的灵敏度。

6. 估算承载力

估算承载力时需要采用实测截面和实测材料特性。承载力的估算包括根据理想压杆欧拉公式进行计算和按《标准》计算极限承载力,或者采用有限元分析进行计算。

7. 试件对中

该步骤需要确认试件竖向放置、轴心受压、几何对中以及应变对中。

8. 预加载

预加载的工作主要包括:检测设备是否正常工作,检测应变片和位移计,压紧试件,消除空隙,预加载荷载一般为极限承载力的30%。

4.4.2 加载阶段

1. 正式加载

正式加载时按照前述加载制度,先分级加载,后连续加载。通过实验数据采集系统实时绘制显示"荷载-位移"曲线和"荷载-应变"曲线,以便对实验过程进行控制和对结果进行判断。

2. 判断极限承载力

承载力极限状态确定方法:荷载不继续增加,而试件的变形明显增大;荷载位移曲线越过水平段,开始出现下降。

3. 卸载

试件破坏后需要进行卸载,数据采集系统能够自动绘制卸载曲线,卸载越缓慢,曲线越饱满。卸载完成后观察残余变形和残余应变。

4. 拍照

在整个实验加载过程中，根据需要对关键阶段进行实时拍照或录制视频，以留下珍贵的实验信息，便于对实验结果进行分析和总结。

4.5 实验结果

图 4-19 显示了各种截面轴心受压试件整体失稳实验获得的失稳变形模式。

（a）工字形截面轴心受压试件——弯曲失稳 　　（b）十字形截面轴心受压试件——扭转失稳

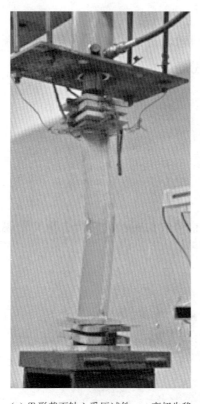

（c）T形截面轴心受压试件——弯扭失稳　　　（d）短肢 L 形截面轴心受压试件——弯扭失稳

图 4-19　轴心受压试件整体失稳

思 考 题

1. 不同截面形式的轴心受压钢构件整体失稳破坏的过程是什么？失稳破坏模式是什么？

2. 请对实验数据进行分析，绘制出荷载-应变曲线和荷载-位移曲线，并对曲线进行分析。

3. 对实验获得的构件实测极限承载力、理论计算结果[包括使用欧拉公式和《钢结构设计标准》(GB 50015—2017)]进行比较，分析这些结果之间的差异。

4. 对试件进行缺陷分析。

第 5 章

受弯钢构件整体稳定性实验

只受弯矩作用或弯矩与剪力共同作用的构件称为受弯构件。实际工程中，以受弯、受剪为主且作用着很小轴力的构件，也常被称为受弯构件。结构中的受弯构件主要以梁的形式出现，通常受弯构件和广义的梁指的是同一对象。钢梁常用的截面是工字形和 H 形，本章主要介绍工字形截面受弯钢构件的整体稳定性实验。

5.1　实验目的

（1）了解工字形截面受弯钢构件的整体稳定性实验方法，包括试件设计、实验装置设计、测点布置、加载方式、实验结果整理与分析等。

（2）观察工字形截面受弯钢构件的失稳过程和失稳模式，加深对其整体稳定性概念的理解。

（3）将受弯钢构件的理论整体稳定临界力与实测承载力进行比较，加深对工字形截面受弯钢构件整体稳定系数及其计算公式的理解。

5.2　实验原理

5.2.1　受弯钢构件整体稳定性概念

单向受弯构件在荷载作用下，虽然其最不利截面上的弯矩或弯矩与其他内力的组合效应还低于截面的承载强度,但构件可能突然偏离原来的弯曲变形平面,发生侧向挠曲和扭转,称为受弯构件的整体失稳,如图5-1所示。失稳时构件的材料都处于弹性阶段,称为弹性失稳,否则称为弹塑性失稳。受弯构件整体失稳后,一般不能再承受更大荷载的作用,若弯扭变形的发展不能予以抑制,就不能保持构件的静态平衡并发生破坏。整体失稳是受弯构件的主要破坏形式之一。

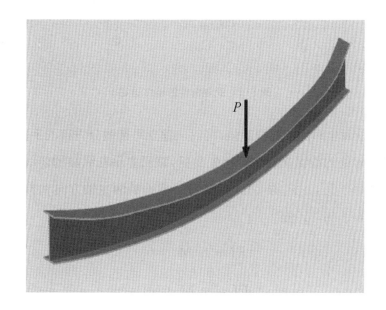

图 5-1　受弯钢构件的整体失稳

5.2.2　受弯钢构件的平衡微分方程及临界弯矩

受弯构件失稳的平衡微分方程必须建立在变形之后的位置上。以受纯弯作用的双轴对称工字形截面构件为例进行分析。构件两端部位简支约束,这里的简支约束是指沿截面两主轴方向的位移和绕构件纵轴的扭转变形在端部都受到约束,同时弯矩和扭转为零。绕强轴单向受弯构件,当弯矩不大时,只在弯矩作用平面内发生挠曲变形 v。但当弯矩增大到某一数值时,构件可能突然产生在弯矩作用平面外的侧移 u 和扭转 θ,构件由平面内弯曲状态变为弯扭状态,这就是整体失稳,如图5-2所示。

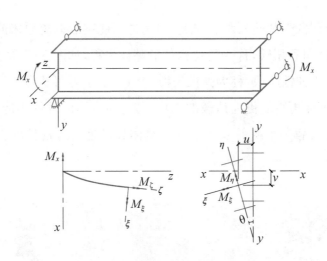

图 5-2 受弯构件的整体稳定

整体失稳发生时的临界弯矩值，可以从建立平衡微分方程入手进行求解。

距端点 z 处的截面在发生弯扭失稳后，截面主轴和纵轴的切线方向与变形前坐标轴之间产生了一定的夹角，把变形后截面的两主轴方向和构件纵轴切线方向分别记为 ξ，η，ζ，则

$$EI_xv'' + M_x = 0 \tag{5-1a}$$

$$EI_yu'' + M_x\theta = 0 \tag{5-1b}$$

$$GI_z\theta' - EI_\omega\theta''' - M_xu' = 0 \tag{5-1c}$$

第一式就是绕强轴的弯曲平衡方程，仅是关于变位 v 的方程，后两式则是变位 u 和 θ 的耦连方程，表现出梁整体失稳的弯扭变形性质。通过对上面方程的求解，可以得到梁整体失稳的临界弯矩，又称为弯扭屈曲临界弯矩 M_{crx}，如式 (5-2) 所示。

$$M_{crx} = \frac{\pi^2 EI_y}{l^2}\sqrt{\frac{I_\omega}{I_y}\left(1 + \frac{GI_t l^2}{\pi^2 EI_\omega}\right)} \tag{5-2}$$

当构件的支承条件、荷载作用方式、截面形状等发生改变，则弯扭平衡微分方程式(5-1)及其解式(5-2)将有所不同。

1. 支承条件变化

支承条件变化引起方程边界条件的变化。式(5-3)给出了工字形等双轴对称开口截面构件支承条件变化时临界弯矩的表达式。

$$M_{crx} = \frac{\pi^2 E I_y}{(\mu_y l)^2} \sqrt{\frac{I_\omega}{I_y}\left(\frac{\mu_y^2}{\mu_\omega^2} + \frac{G I_t (\mu_y l)^2}{\pi^2 E I_\omega}\right)} \tag{5-3}$$

式中，μ_y，μ_ω 分别为支承条件决定的约束系数，可查相关表格。

2. 荷载作用方式的变化

荷载作用方式改变引起构件上弯矩分布形状的改变。假设集中荷载或均布荷载的作用点均在截面形心处，若记纯弯曲作用下的临界弯矩表达式(5-4)为 M_{ocrx}，则一般荷载作用下的临界弯矩 M_{crx} 为

$$M_{crx} = \beta_1 M_{ocrx} \tag{5-4}$$

式中，β_1 为荷载作用方式系数，纯弯曲时取 1，满跨均布荷载时取 1.13，跨中中点集中荷载时取 1.35，两端作用等值反向弯矩时取 2.65。

3. 截面形式变化

当两端简支构件为单轴对称截面，且失稳前外力作用使构件绕非对称轴挠曲时，其临界弯矩表达式为

$$M_{crx} = \beta_1 \frac{\pi^2 E I_y}{l^2}\left[\beta_2 a + \beta_3 B_y + \sqrt{(\beta_2 a + \beta_3 B_y)^2 + \frac{I_\omega}{I_y}\left(1 + \frac{G I_t l^2}{\pi^2 E I_\omega}\right)}\right] \tag{5-5}$$

式中 a ——横向荷载在截面上的作用点至截面剪力中心的距离，当荷载作用点到剪力中心的指向与挠曲方向一致时取负，否则取正；

   B_y ——反映截面不对称程度的参数，其计算公式如下：

$$B_y = \frac{I}{2I_x}\int_A y(x^2 + y^2)\mathrm{d}A - y_0 \tag{5-6}$$

   y_0 ——剪力中心 S 至形心的距离，当剪力中心至形心的指向与挠曲方向一致时取负，否则取正；

β_2，β_3——与荷载类型有关的系数,纯弯曲时二者取为 0,1;满跨均布时分别取 0.46,0.53;跨中中点集中荷载时分别取 0.55,0.40。

上述临界弯矩的计算公式(5-3)、式(5-4)、式(5-5)都是以弹性范围弯扭屈曲平衡方程式(5-2)为基础的,仅当临界应力 $\sigma_{cr} = (M_{crx}/W_x)$ 不超过比例极限时才适用。较长的受弯构件,临界弯矩较低,因而临界应力较小,易发生弹性弯扭屈曲,较短的受弯构件则可能发生非弹性屈曲。

对于受纯弯作用且截面对称于弯矩作用平面的简支构件,经分析它的非弹性弯扭屈曲临界弯矩可采用切线模量理论来表达,即:

$$M_{crx} = \frac{\pi^2 (EI_y)_t}{l^2} \sqrt{\frac{(EI_\omega)_t}{(EI_y)_t} \left\{ 1 + \frac{[(GI_t)_t + \bar{K}]l^2}{\pi^2 (EI_\omega)_t} \right\}} \qquad (5-7)$$

式中 $(EI_y)_t$，$(EI_w)_t$，$(GI_t)_t$——考虑塑性影响的截面有效刚度,对非弹性区,可取该区域平均应力对应的切线模量,对弹性区,则取弹性模量;

$\bar{K}$——考虑沿构件轴向的应力对扭转影响的瓦格纳效应;

$$\bar{K} = \int_A \sigma [(x_0 - x)^2 + (y_0 - y)^2] dA \qquad (5-8)$$

x_0，y_0——剪切中心在形心主轴坐标系中的坐标;

σ——截面各点上由内力引起的正应力和残余应力之和。

5.2.3 受弯钢构件的整体稳定计算

临界弯矩 M_{crx} 常用另一种方式表示,即

$$M_{crx} = \varphi_b M_{ex} \qquad (5-9)$$

式中,φ_b 为受弯构件的整体稳定系数:

$$\varphi_b = \frac{M_{crx}}{M_{ex}} \qquad (5-10)$$

在工程设计中,应采用临界弯矩设计值 M_{crxd}:

$$M_{crxd} = \varphi_b M_{exd} \tag{5-11}$$

$$M_{exd} = W_x f_d \tag{5-12}$$

式中，M_{exd} 为屈服弯矩设计值。

每一组给定的荷载引起的构件最大弯矩 M_x 不应超过对应该种荷载作用方式的临界弯矩设计值 M_{crxd}

$$\frac{M_x}{M_{crxd}} \leqslant 1.0 \tag{5-13}$$

将式(5-11)、式(5-12)代入式(5-13)，得到受弯钢构件的整体稳定计算公式如下：

$$\frac{M_x}{\varphi_b W_x f_d} \leqslant 1.0 \tag{5-14}$$

式中 W_x ——绕 x 轴受压侧毛截面的截面模量；

f_d ——考虑多种可靠度因素后的材料抗弯强度设计值。

构件的整体稳定主要依赖于构件的整体状况，如端部约束条件、支承间长度及荷载沿构件的分布等。

整体稳定系数 φ_b 是构件临界弯矩 M_{crx} 与屈服弯矩 M_{ex} 之比。对较长的构件，处于弹性阶段，该值是小于 1.0 的；对于侧向支承间距离较短的构件，如处于弹塑性阶段，则采用弹性假定分析得到的 φ_b 可能出现该值大于 1.0 的情况，这时应按弹塑性方法来考虑修正。

将上文所述的临界弯矩计算公式代入式(5-10)，即可得到 φ_b 值，但其计算工作量极大。《标准》给出了如下的 φ_b 简化公式，适用于等截面焊接工字型钢和热轧 H 型钢梁：

$$\varphi_b = \beta_b \frac{4\,320}{\lambda_y^2} \frac{Ah}{W_x} \left[\sqrt{1 + \left(\frac{\lambda_y t_1}{4.4h} \right)^2} + \eta_b \right] \frac{235}{f_y} \tag{5-15}$$

式中 β_b ——梁整体稳定的等效临界弯矩系数，《标准》附录给出了求 β_b 的表格；

λ_y ——梁在侧向支承点间对截面弱轴的长细比；

A ——梁的毛截面面积；

h，t_1——梁截面的全高和受压翼缘的厚度；

η_b——截面不对称影响系数；

f_y——钢材的屈服强度。

当 $\varphi_b > 0.6$ 时，应用下式计算的 φ_b' 代替 φ_b 值：

$$\varphi_b' = 1.07 - \frac{0.282}{\varphi_b} \leqslant 1.0 \tag{5-16}$$

式(5-16)主要是考虑残余应力对稳定的影响，对钢梁的非弹性屈曲进行分析研究，所做出的规定。在具体计算钢梁的整体稳定性时，必须注意这个规定，否则将对 $\varphi_b > 0.6$ 的钢梁过高估计其稳定性而造成不安全。

5.3 实验设计

5.3.1 试件设计

按照 4.3.1 节所述的试件设计原则，根据反力架的几何尺寸以及千斤顶的最大行程与加载能力，本实验设计的试件主要参数如下，试件截面如图 5-3 所示。

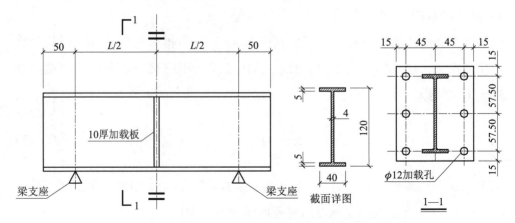

图 5-3 工字形钢梁试件设计图

（1）试件截面（工字形截面）：$h \cdot b \cdot t_w \cdot t_f = 120 \times 40 \times 4 \times 5$；

（2）试件长度：$L = 960, 1\,200, 1\,440, 1\,680, 1\,920, 2\,160, 2\,400, 2\,640$ mm；

（3）钢材牌号：Q235B。

5.3.2 实验装置设计

受弯钢构件整体稳定性实验与轴心受压构件整体稳定性实验在实验装置上有较大的不同，特别是加载装置和支座。以下将详细说明。

1. 加载装置设计

轴心受压构件可以方便地采用千斤顶加载，但对于受弯钢梁来说，由于千斤顶固定于反力架上，考虑到钢梁整体失稳特征，荷载不便于在实验过程中随动，因此，针对该实验专门设计了加载装置，如图 5-4 所示。实验的加载设备为砝码。构件横向放置，在梁中央设置加载板，加载板开孔后通过钢索与测力传感器相连，测力传感器下悬挂吊篮，实验时将不同规格的砝码依次放入吊篮中以实现竖向悬吊重物加载，该吊载随构件平面外侧向位移，可实现跟动。荷载值由测力传感器测出。

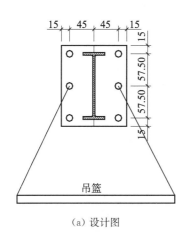
（a）设计图

（b）实物图

图 5-4 工字形截面钢梁整体稳定性实验加载装置图

2. 支座设计

钢梁整体稳定性实验的支座需要模拟理想的约束条件：①钢梁端部可绕强轴自由转动；②钢梁端部可绕弱轴自由转动；③钢梁端部不可扭转；④钢梁端部可以自由翘曲。图5-5(b)为原有实验支座照片，支座的立杆和底杆都是采用带倒角的三角形实心柱体。通过该支座进行实验所得的钢梁极限弯矩比弹性临界弯矩高出很多，最多高出了75%。因此经过对原有支座的约束刚度进行分析，发现由于摩擦的存在，支座的约束刚度和理想条件不一致，导致实验结果偏高，因此对支座进行改进。

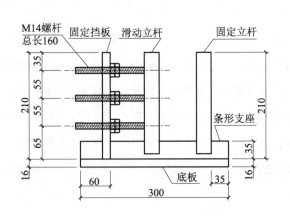

(a) 设计详图

(b) 实物图

图5-5 受弯钢构件整体稳定性实验原有支座

改进支座由底座、轴、定距套、活动立杆、滚动轴承、轴端挡圈、柱端挡板、螺杆、螺母、螺栓和垫圈等零件构成,如图 5-6 所示。轴由轴端挡板和螺栓固定在底座上,轴上用定距套固定滚动轴承,使轴承沿轴向不能移动。活动立杆能在轴和底座上滑动,可由螺杆和螺母固定。底座固定立杆上和活动立杆上各有一个滚动轴承,轴向固定,绕轴可自由转动。实验加载时,工字钢梁端下翼缘置于轴上滚动轴承上,上翼缘侧面分别与支座固定立杆与活动立杆上的两个滚动轴承相接触。改进支座的约束条件更加接近于理想夹支支座。实验表明,新支座的实验结果更加接近于理论值,较原有支座取得了较好的效果。

图 5-6　受弯钢构件整体稳定性
实验改进支座

3. 总体实验装置

受弯钢构件安装好后的实验装置如图 5-7 所示。

图 5-7　受弯钢构件整体稳定性实验装置图

5.3.3 加载方式

工字形截面受弯钢构件整体稳定性实验按照分级加载方式进行。加载初期的荷载增量较大，当试件接近失稳时，施加的荷载增量较小。由于加载方式采用了人工加砝码的方法，通过吊篮对钢梁施加跨中集中荷载，故每次加载后吊篮均会产生水平晃动，故等待吊篮停止晃动后，再进行加载。

5.3.4 测点布置

实验中量测项目包括施加荷载、梁跨中的竖向挠度、平面外侧移和平面外扭转角等。图 5-8(b)和(c)给出了受弯试件的应变片和位移计布置情况。在试件的跨中截面布置了一组位移计和一组应变片，位移计包括处于上下翼缘位置的

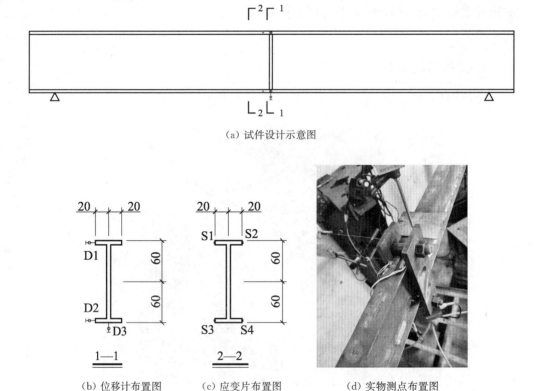

（a）试件设计示意图

（b）位移计布置图　　（c）应变片布置图　　（d）实物测点布置图

图 5-8　受弯钢构件整体失稳实验测点布置图

2 个水平位移计和位于截面底部或顶部的 1 个竖向位移计,分别记为 D1、D2、D3;应变片共 4 片,布置在上下翼缘,分别记为 S1、S2、S3、S4。为避开加载装置,将测点所处截面略微偏离跨中。受弯试件整体失稳实验测点布置如图 5-8(d)所示。

5.3.5 实验预分析

实验前需要对受弯钢梁失稳荷载的大致范围做一估算。

(1)根据弹性理论估算临界弯矩。两端简支工字形截面梁的临界弯矩可以根据 5.2.2 节的内容计算得到。

(2)根据《钢结构设计标准》(GB 50017—2017)估算极限承载力。具体可根据 5.2.3 节的内容进行计算。

(3)采用有限元分析属于拓展内容,不做具体要求。

5.4 实验实施

该实验实施过程与 4.4 节内容相同,略。

5.5 实验结果

图 5-9 显示了通过受弯钢构件整体稳定性实验获得的钢梁整体失稳形式。从图中可以很明显地看出,试件发生了绕弱轴的弯扭失稳,符合实验预期。

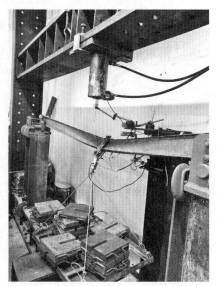

图 5-9　受弯钢构件整体失稳

思 考 题

1. 观察并描述受弯钢构件整体失稳破坏的过程,其失稳破坏模式是什么?

2. 对实验数据进行分析,绘制出荷载-应变曲线和荷载-位移曲线,并对曲线进行分析。

3. 对实验获得的构件实测极限承载力,理论计算结果[包括弹性理论和《钢结构设计标准》(GB 50015—2017)公式]进行比较,分析这些结果之间的差异。

4. 对试件进行缺陷分析。

第 6 章

压弯钢构件整体稳定性实验

　　构件受到沿杆轴方向的轴力和绕截面形心主轴的弯矩作用,称为压弯(或拉弯)构件。压弯构件是建筑钢结构中最常见的一种构件,如建筑框架中的钢柱大多是典型的压弯构件,钢桁架中的受压弦杆和腹杆若比较粗短,加上端部有很强的转动约束时,也是压弯(或拉弯)构件。压弯构件的整体失稳破坏有多种形式,通常单向压弯构件平面内的整体失稳破坏可以反映一般压弯构件的破坏情况,本章主要介绍单向压弯构件平面内的整体稳定性实验。

6.1　实验目的

　　(1) 通过实验掌握钢构件的基本实验方法,包括试件设计、实验装置设计、测点布置和实验结果整理等方法。

　　(2) 通过实验观察 H 形截面单向偏心受压钢构件平面内失稳过程和失稳模式。

　　(3) 将理论极限承载力和实测承载力进行对比,加深对单向偏心受压构件平面内稳定承载力计算公式的理解。

6.2　实验原理

6.2.1　压弯构件平面内整体稳定性概念

　　压弯构件受到沿杆轴方向的轴力和绕截面形心主轴的弯矩作用,如果只有绕截面一个形心主轴的弯矩,称为单向压弯构件;绕两个形心主轴都有弯矩,称为双向压弯构件。弯矩可以由偏心轴力引起时,这种情况又称为偏压构件。对于单向压弯的钢构件来说,其整体失稳分为两种,一种是弯矩作用平面内失稳,即发生弯曲失稳,另一种是弯矩作用平面外失稳,即发生弯扭失稳。当单向压弯构件有足够的支撑来防止弯矩作用平面外的侧移和变形,则失稳只可能发生第一种失稳,即弯曲失稳,如图 6-1 所示。本课程介绍的即压弯构件平面内整体稳定性实验。

图 6-1　压弯构件平面内整体失稳

以偏心受压构件为例,直杆在偏心压力作用下,如果有足够的约束防止弯矩作用平面外的侧移和变形,平面内跨中最大横向位移与构件压力的关系曲线如图 6-2 所示。从图中可以看出,与理想轴心压杆不同的是,压弯构件在弯矩作用平面内不会出现分枝的现象。压弯构件平面内失稳与轴力引起的"二阶效应"有关,即需要考虑轴压力对杆轴水平变位 δ 所产生附加弯矩的影响,通常称其为 $P\text{-}\delta$ 效应,二阶效应是一种非线性效应。轴压力与变位的关系呈现非线性,随着构件截面边缘开始进入塑性之后,截面内弹性区不断缩小,截面上拉应力合力与压应力合力间的力臂在缩短,内弯矩的增量在减小,而外弯矩增量却随轴压力增大而非线性增长,当轴力和内弯矩不能满足这一平衡时,构件就达到了稳定极限状态,即图 6-2 中的极值点 D。压弯构件在到达极值点之后,不能负担更大的轴压力,这类失稳被称为极值失稳。在曲线的极值点,构件的最大内力截面不一定达到全塑性状态,而这种全塑性状态可能发生在轴压承载力下降段的某点 D' 处。

局部失稳一般发生在构件的受压翼缘和腹板,或受较大剪力作用的板件。局部失稳对构件的影响可参考第 7 章的叙述。

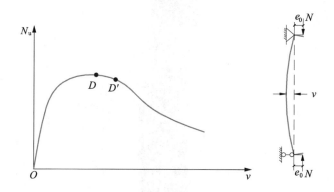

图 6-2　单向压弯构件平面内失稳的轴力-位移曲线

6.2.2　单向压弯钢构件的平面内整体稳定计算

单向压弯构件的平面内整体稳定计算方法有三种:

(1) 边缘纤维屈服准则的方法。该方法以构件截面应力最大的边缘纤维开始屈服的荷载作为压弯构件的稳定承载力。

(2) 按极限承载力准则的方法,该方法采用解析法或数值法直接求解压弯构件弯矩作用平面内的稳定承载力。根据数值法可以把具有一定长度的构件在极限状态时的轴压承载力与最大截面弯矩作成曲线,就是构件承载力的相关曲线,如图 6-3 所示。图 6-4 是一工字形截面具有图示残余应力分布和相对初弯曲的偏心压杆的 $N_u/N_p-\lambda$ 曲线,图中的纵坐标可以看作压弯构件的稳定系数 φ,因此该曲线也称为压弯构件的柱子曲线,若已知构件长细比,相对偏心,即可以从图中查出构件的平面内稳定承载力。

（3）实用相关公式方法。该方法即建立轴力和弯矩相关公式来验算压弯构件弯矩作用平面内的极限承载力。

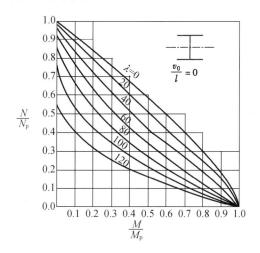

图6-3　压弯构件的相关曲线

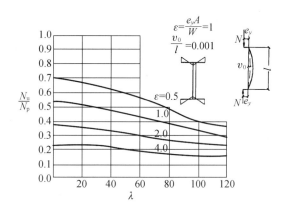

图6-4　压弯构件的柱子曲线

目前，各国设计规范中压弯构件平面内整体稳定验算多采用相关公式法。通过理论分析，建立轴力与弯矩的相关公式，并在大量数值计算和实验数据的统计分析基础上，对相关公式中的参数进行修正，得到计算公式。我国《钢结构设计标准》（GB 50017—2017）中压弯构件平面内整体稳定计算相关公式主要是按边缘纤维屈服准则并考虑压弯构件二阶效应和初始缺陷得到的。

实腹式压弯构件弯矩作用平面内整体稳定计算的公式如下：

$$\frac{N}{\varphi_x A} + \frac{\beta_{mx} M_x}{\gamma_x W_{1x}(1-0.8N/N'_{Ex})} \leqslant f_d \qquad (6-1)$$

$$N'_{Ex} = \pi^2 EA/(1.1\lambda_x^2) \qquad (6-2)$$

式中　N ——压弯构件轴心压力；

　　　φ_x ——弯矩作用平面内的轴心受压构件稳定系数；

　　　A ——构件的截面面积；

　　　M_x ——所计算构件段范围内的最大弯矩；

　　　β_{mx} ——等效弯矩系数，引入等效弯矩系数 β_{mx} 的原因是将非均匀分布的弯矩当量化为均匀分布的弯矩，根据不同的受力情况取相应的值；

　　　γ_x ——截面塑性发展系数；

　　　W_{1x} ——在弯矩作用平面内对较大受压纤维的毛截面模；

　　　f_d ——钢材强度设计值；

　　　N'_{Ex} ——参数，相当于将欧拉临界力 N_{Ex} 除以抗力分项系数的平均值1.1。

6.3　实验设计

6.3.1　试件设计

按照4.3.1节所述的试件设计原则，试件设计综合考虑了实验装置的加载能力以及经济条件等因素，具体确定如下，试件截面如图6-5所示。

（1）试件截面：工字形截面，$h \cdot b \cdot t_w \cdot t_f = 100 \times 80 \times 4.0 \times 4.0$；

（2）试件长度：$L = 1\,000$ mm；

（3）钢材牌号：Q235B。

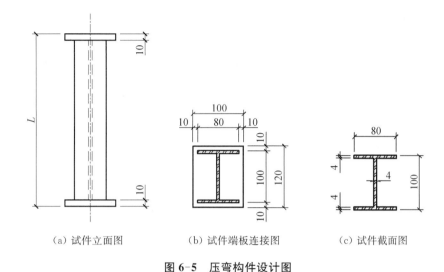

（a）试件立面图   （b）试件端板连接图   （c）试件截面图

图 6-5　压弯构件设计图

6.3.2　实验装置设计

压弯构件平面内整体稳定性实验装置主要由反力架、千斤顶、千斤顶转接板、上支座、下支座和侧向支撑组成，如图 6-6 所示。装置中的各部件均是专门为此实验设计。其中千斤顶与反力架相连，下支座与反力架底座连接，上支座与千斤顶转接板底板连接，千斤顶加载端置于千斤顶转接板的套筒中，试件夹在两个端部支座之间，在试件长度方向设置两道侧向支撑。

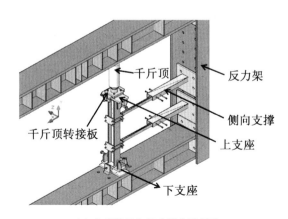
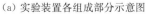

（a）实验装置各组成部分示意图

（b）实验装置实物图

图 6-6　压弯构件平面内整体稳定性实验装置图

1. 支座设计

支座设计上需要满足两端铰接的边界条件,以及单向弯矩作用时可自由转动的条件,以实现单向压弯构件平面内整体失稳的实验目的。支座主要由上层板、下层板、固定横板、上层板固定竖板、下层板固定竖板、居中调节螺栓、偏心距调节螺栓、加劲肋、上层板刻度尺和下层板刻度尺组成,支座构造如图 6-7(a)所示。其中上层板和下层板相当于形成了一个单向刀口铰支座,实现试件在弯矩方向的单向自由转动,如图 6-7(b)所示。支座设计的重点是调节试件偏心距和保证非偏心方向上的居中。因此,支座构造中专门设计了居中调节螺栓和偏心距调节螺栓。放置试件时,配套使用居中调节螺栓用以调节试件的偏心距。

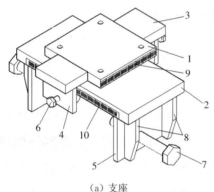
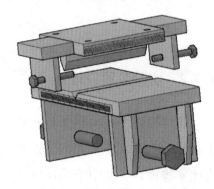

(a) 支座

1—上层板;2—下层板;3—固定横板;
4—上层板固定竖板;5—下层板固定竖板;
6—居中调节螺栓;7—偏心距调节螺栓;
8—加劲肋;9—上层板刻度尺;10—下层板刻度尺

(b) 支座上、下层板形成单向刀口铰支座

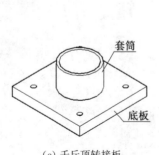
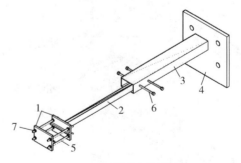

(c) 千斤顶转接板

(d) 平面外约束装置

1—刀口板;2—内套筒;3—外套筒;4—连接板;
5—螺杆;6—固定螺栓;7—螺母

图 6-7 压弯构件整体稳定性实验装置局部部件构造图

设置的偏心距调节螺栓刚好顶在下层板的一侧,可以调节下层板连同试件,保证试件在非偏心距方向上的对中。

2. 千斤顶转接板

根据实验经验,如果千斤顶直接作用在试件或支座上。由于接触面面积小且作用力大,容易造成试件的扭转失稳而达不到实验目的。因此为减轻该现象对实验结果的影响,设计了千斤顶转接板,如图 6-7(c)所示。千斤顶转接板由底板和套筒焊接而成,底板与上支座连接,千斤顶加载端置于套筒中。

3. 平面外约束装置

压弯构件平面内整体稳定性实验需要有足够的约束防止弯矩作用平面外的侧移和变形,因此,专门设计了平面外约束装置,如图 6-7(d)所示。该装置主要由刀口板、内套筒、外套筒、连接板、螺杆、固定螺栓和螺母组成。刀口板夹住弱轴方向试件两侧,并用螺杆、螺母固定。外套筒一侧与连接板焊接,连接板通过螺栓与反力架相连。

6.3.3 加载方式

加载方式同 4.3.3 节内容所述。

6.3.4 测点布置

测点布置原则如 4.3.4 节所述,主要在跨中截面布置 4 个应变片和 3 个位移计,如图 6-8 所示。

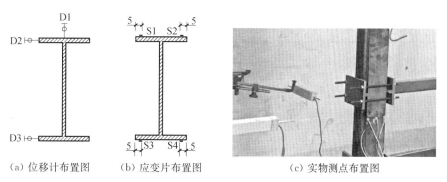

(a) 位移计布置图   (b) 应变片布置图   (c) 实物测点布置图

图 6-8 压弯钢构件整体失稳实验测点布置图

6.3.5 实验预分析

实验前需要对压弯构件的失稳荷载进行估算,可按以下方法进行分析。

(1) 根据实腹式压弯杆件平面内稳定承载力 N_u 的实用相关公式中的单项表达式计算:

$$N_u = \varphi_e A f_y \tag{6-3}$$

式中　φ_e——考虑弯矩和轴力共同作用的整体稳定系数;

　　A——毛截面面积。

(2) 根据《钢结构设计标准》(GB 50017—2017)估算极限承载力,可按式(6-1)和式(6-2)计算。

(3) 采用有限元分析属于拓展内容,不做具体要求。

6.4　实验实施

该过程与 4.4 节内容相同。

6.5　实验结果

图 6-9 显示了通过压弯构件整体失稳实验获得的构件失稳破坏形式。从图中可以看出,试件发生了平面内的弯曲失稳。图 6-10 显示了实验后的试件除了发生平面内的弯曲失稳以外,试件的翼缘板还发生了局部失稳。

图 6-9　压弯构件整体稳定性实验的失稳破坏

图 6-10　发生失稳破坏的试件

思 考 题

1. 观察并描述压弯钢构件平面内整体失稳破坏的过程,其失稳破坏模式是什么?

2. 对实验数据进行分析,绘制出荷载-应变曲线和荷载-位移曲线,并对曲线进行分析。

3. 对实验获得的构件实测极限承载力,与使用《钢结构设计标准》(GB 50015—2017)公式计算的结果进行比较,分析这些结果之间的差异。

4. 对试件进行缺陷分析。

第 7 章

钢构件局部稳定性实验

钢构件的局部失稳是指构件在保持整体稳定的条件下,构件中的板件已不能承受外荷载的作用而失去稳定。钢构件大多由若干矩形平面薄板组成,本章以薄壁矩形管受压构件为例,介绍钢构件的局部稳定性实验。

7.1　实验目的

（1）通过实验掌握钢构件的实验方法,包括试件设计、加载装置设计、测点布置、实验结果整理等方法。

（2）通过实验观察薄壁矩形管构件的局部失稳现象。

（3）通过实验观察薄壁矩形管构件的屈曲后性能。

（4）通过实验观察薄壁矩形管构件板组约束现象。

（5）将理论承载力和实测承载力进行对比,验证薄壁矩形管构件局部屈曲临界压力和屈曲后承载力的计算公式。

7.2　实验原理

7.2.1　轴心受压实腹构件中板件局部稳定概念

轴心受压钢构件为获得较高的整体稳定承载力,通常设计时其板件的宽度和厚度之比(简称宽厚比)都比较大,但如果板件宽厚比过大,在轴心压力作用下,可能在构件丧失整体稳定前,板件偏离其原来的平面位置而发生波状鼓曲,这种现象即板件丧失稳定性,因板件失稳发生在构件的局部,因此称为构件局部失稳或局部屈曲。薄壁矩形管受压构件局部失稳如图 7-1 所示。

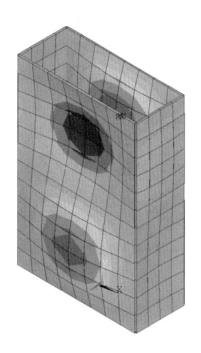

图 7-1　薄壁矩形管受压构件局部失稳

7.2.2　轴心受压实腹构件中板件的临界应力

轴心受压实腹构件局部失稳临界力的准则有两种,一种是不允许出现局部失稳,即板件应力 σ 应小于局部失稳的临界应力 σ_{cr},即 $\sigma \leqslant \sigma_{cr}$;另一种是允许出现局部失稳,并利用板件屈曲后的强度,要求板件受到的轴力 N 小于板件发挥屈曲后强度的极限承载力 N_u,即 $N \leqslant N_u$。

受压实腹构件中的板件因支承条件不同,在轴心受压时的均匀压力作用下的临界应力也有所不同。本章所要介绍的薄壁矩形管受压构件的板件为单向均匀受压的四边简支矩形薄板,其临界应力求解如下。

图 7-2 为一两端受均布压力 $N_x = t\sigma_x$ 的弹性简支矩形薄板，t 为板的厚度。当压力 N_x 逐渐增加到屈曲临界力时，平板就开始屈曲，屈曲挠度用 w 表示。

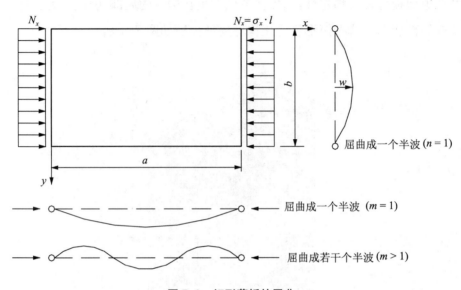

图 7-2　矩形薄板的屈曲

根据弹性理论，板在纵向均布压力作用下，板中面的屈曲平衡微分方程为

$$D\left(\frac{\partial^4 w}{\partial x^4} + 2\frac{\partial^4 w}{\partial x^2 \partial y^2} + \frac{\partial^4 w}{\partial y^4}\right) + N_x \frac{\partial^2 w}{\partial x^2} = 0 \tag{7-1}$$

式中　D——板的单位宽度的抗弯刚度，其计算式如下：

$$D = \frac{Et^3}{12(1-\nu^2)} \tag{7-2}$$

ν——钢材的泊松比，一般取 0.3。

对于简支矩形板，满足四个简支边上挠度和弯矩均为零的边界条件，方程式 (7-1) 的解 w 可用下列双重三角级数表示：

$$w = \sum_{m=1}^{\infty} \sum_{n=1}^{\infty} A_{mn} \sin\frac{m\pi x}{a} \sin\frac{n\pi y}{b} \tag{7-3}$$

式中　m —— x 方向的半波数；

　　　n —— y 方向的半波数；

　　　a，b —— 板的长度和宽度。

将式(7-3)代入式(7-1)，可得 N_x 的临界值 N_{xcr}。

$$N_{xcr} = \frac{\pi^2 D}{b^2} \left(\frac{mb}{a} + \frac{n^2 a}{mb} \right)^2 \tag{7-4}$$

从上式可以看出，当 $n = 1$ 时，N_{xcr} 为最小，其物理意义是：当板屈曲时，沿 y 方向只有一个半波。因此，其临界压力为

$$N_{xcr} = \frac{\pi^2 D}{b^2} \left(\frac{mb}{a} + \frac{a}{mb} \right)^2 \tag{7-5a}$$

或

$$N_{xcr} = k \frac{\pi^2 D}{b^2} \tag{7-5b}$$

式中，k 为板的稳定系数，对于均匀受压的简支矩形板：

$$k = \left(\frac{mb}{a} + \frac{a}{mb} \right)^2 \tag{7-6}$$

取 x 方向半波数 $m = 1, 2, 3, 4, \cdots$，可得图 7-3 所示 k 与 a/b 的关系曲线。图中的实线表示对于任意给定的 a/b 值，k 为最小的曲线段。其物理意义是，当板屈曲时，沿 x 方向总是有 k 为最小值的半波数。如当 $a/b \leqslant \sqrt{2}$ 时，板屈曲成一个半波；当 $\sqrt{2} < a/b < \sqrt{6}$ 时，板屈曲成两个半波；当 $\sqrt{6} < a/b < \sqrt{12}$ 时，板屈曲成三个半波；等等。

从图中还可以看出，最小的稳定系数 $k = 4$，至 $a/b > 1$ 时，k 值没有多大变化，差不多都等于 4。因此，对于纵向均匀受压的简支矩形板可取：

$$k = 4 \tag{7-7}$$

将式(7-2)代入式(7-5b)可得临界应力表达式为

$$\sigma_{x\mathrm{cr}} = \frac{N_{x\mathrm{cr}}}{t} = k\,\frac{\pi^2 E}{12(1-\nu^2)}\left(\frac{t}{b}\right)^2 \tag{7-8}$$

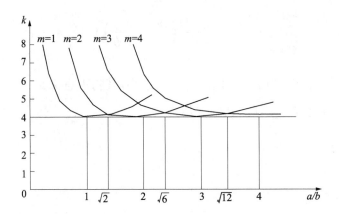

图 7-3 纵向均匀受压简支矩形板的稳定系数 k

轴心受压杆的截面是由多块板件组成,板组间有相互约束因素,因此在计算截面中板件的临界应力 $\sigma_{x\mathrm{cr}}$ 时,可用约束系数 χ 来考虑板件间的相互作用,稳定系数 k 应包括板组间的约束系数。考虑板组约束影响时,临界应力可用式(7-9)计算

$$\sigma_{x\mathrm{cr}} = \frac{N_{x\mathrm{cr}}}{t} = \chi \cdot k\,\frac{\pi^2 E}{12(1-\nu^2)}\left(\frac{t}{b}\right)^2 \tag{7-9}$$

式中,χ 为板件约束系数,对工字形截面的腹板,$\chi = 1.3$。

当轴心受压构件中板件的临界应力超过比例极限 f_p,进入弹塑性阶段,可认为板变为正交异型板,板沿 x 方向的弹性模量 E 降为切线模量 $E_\mathrm{t} = \psi_\mathrm{t} E$,但 y 方向仍为弹性阶段,其弹性模量仍为 E,这时用 $E\sqrt{\psi_\mathrm{t}}$ 代替 E,临界应力可用式(7-10)计算

$$\sigma_{x\mathrm{cr}} = \frac{N_{x\mathrm{cr}}}{t} = \chi \cdot k\,\frac{\pi^2 E\sqrt{\psi_\mathrm{t}}}{12(1-\nu^2)}\left(\frac{t}{b}\right)^2 \tag{7-10}$$

7.2.3　轴心受压实腹构件中板件的屈曲后强度

板屈曲后还会有很大的承载能力,这就是屈曲后强度。板的屈曲后强度来源于板面内横向的薄膜张力,如图 7-4 所示。板面内横向薄膜张力对板的进一步弯曲起约束作用,使受压板能够继续承受增大的压力。

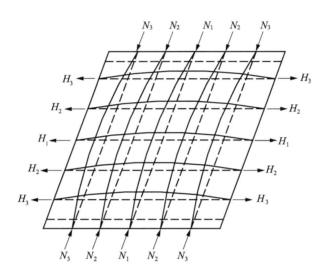

图 7-4　板屈曲后的受力示意图

板屈曲后的分析必须采用板的大挠度理论。通过建立纵向受压简支矩形板的屈曲后大挠度微分方程组,解方程,引入边界条件,可得板屈曲后的平均应力 σ_{xa},按式(7-11)计算。

$$\sigma_{xa} = \sigma_{x\mathrm{cr}} + \frac{E\pi^2 f^2}{8b} \qquad (7\text{-}11)$$

式中, $\sigma_{x\mathrm{cr}}$ 为板的屈曲临界应力,按式(7-8)计算。

式(7-11)给出了平均应力 σ_{xa} 与屈曲后板的跨中挠度 f 之间的关系,如图 7-5 所示。从图中可以看出,当板内的平均应力达到屈曲临界应力时,板开始挠曲,以后板仍能继续承担超过屈曲荷载的轴向压力,这就是板的屈曲后性能。

对式(7-11)化简,消去 f^2,可得

$$\sigma_x = \sigma_{xa} + (\sigma_{xa} - \sigma_{xcr})\cos\frac{2\pi y}{b} \qquad (7\text{-}12a)$$

$$\sigma_y = (\sigma_{xa} - \sigma_{xcr})\cos\frac{2\pi x}{a} \qquad (7\text{-}12b)$$

式(7-12)反映了板屈曲后板面内应力的分布规律,如图 7-5 所示。从式 (7-12)和图 7-6 可以看出,在板屈曲前,σ_x 是均匀分布且 $\sigma_y = 0$。在板屈曲后, σ_x 不再均匀分布,而且产生了 y 方向的应力 σ_y。σ_y 在板的中部区域是拉应力,正 是由于这个拉应力,使板在屈曲后仍具有继续承担更大外荷载的能力。

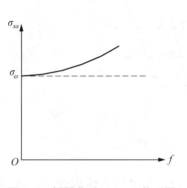

图 7-5　板屈曲后 $\sigma_{xa} - f$ 关系图

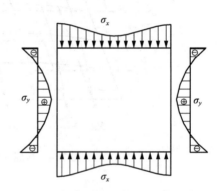

图 7-6　板屈曲后板面内应力分布规律

从图 7-5 可以看出板屈曲后虽然能继续承担更大的外荷载,但板的挠度却 增长很快,因此板屈曲后强度的利用准则的确定必须考虑挠度的影响。通常采 用有效宽厚比法并通过实验确定有效宽厚比的计算公式。目前通用的公式为

$$\frac{b_e}{b} = \frac{1}{\lambda_e}\left(1 - 0.22\frac{1}{\lambda_e}\right) \qquad (7\text{-}13)$$

式中　b ——板件的实际宽度;

b_e ——板件的有效宽度;

λ_e——板件的等效长细比,其值按下式计算:

$$\lambda_e = \sqrt{\frac{\sigma_e}{\sigma_{cr}}} \tag{7-14}$$

σ_{cr}——板件的临界应力;

σ_e——板件采用有效宽度时的应力。

由式(7-8),可得

$$\lambda_e = 1.05\left(\frac{b}{t}\right)\sqrt{\frac{\sigma_e}{kE}} \tag{7-15}$$

式中,k 为板件失稳的稳定系数。

7.2.4 轴心受压实腹构件的局部稳定计算

对应于轴心受压实腹构件局部失稳临界力的两种准则,构件局部稳定计算有两种方法。

1. 不允许出现局部失稳的稳定计算

按照不允许出现局部失稳准则,轴心受压实腹杆的板件应满足

$$\sigma_{cr} \geqslant \sigma \tag{7-16}$$

应力 σ 应不超过整体稳定的临界应力 φf_y,代入上式可得

$$\sigma_{cr} \geqslant \varphi f_y \tag{7-17}$$

将考虑板组约束影响的弹塑性阶段临界应力公式(7-10)代入上式,可得轴心受压实腹构件中板件不失稳时的宽厚比

$$\frac{b}{t} \leqslant \left[\frac{\chi \cdot k\pi^2 E \sqrt{\psi_t}}{12(1-\nu^2)\varphi f_y}\right]^{\frac{1}{2}} \tag{7-18}$$

我国《钢结构设计标准》(GB 50017—2017)将有关情况的 k、χ、ψ_t、φ 等代入,得到了不同截面形式的轴心受压实腹构件的板件宽厚比限值。当轴心压杆实际承受的轴力小于其整体稳定承载力时,所计算的宽厚比限值比较保守,这是可以将限值乘以放大系数 $\alpha = \sqrt{\varphi A f_d / N}$ 。

2. 利用屈曲后强度的稳定计算

轴心受压实腹构件利用板件屈曲后强度时,应先计算板件的有效截面,然后根据截面的有效部分计算有效截面积 A_e,最后按下式计算受压构件的整体稳定

$$N \leqslant \varphi A_e f_d \tag{7-19}$$

式中　　A_e——有效净截面面积,其值按下式计算:

$$A_e = \sum \rho_i A_i \tag{7-20}$$

A_i——各杆件毛截面面积;

ρ_i——各板件的有效截面系数。

7.3　实验设计

7.3.1　试件设计

根据反力架的尺寸以及千斤顶的最大行程与加载能力,本实验设计的试件主要参数如下,试件截面如图 7-7 所示。

(1) 试件截面(矩形截面):$B \cdot H \cdot t = 200\,\text{mm} \times 100\,\text{mm} \times 2.0\,\text{mm}$;

(2) 试件长度:L 取 $200 \sim 400\,\text{mm}$;

(3) 钢材牌号:Q235B。

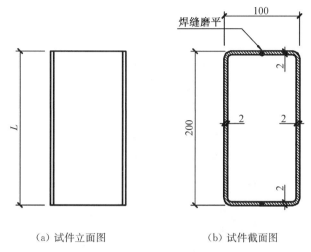

（a）试件立面图 　　　　（b）试件截面图

图 7-7　薄壁矩形管受压构件截面详图

7.3.2　实验装置设计

图 7-8 为进行薄壁矩形管轴心受压构件局部稳定实验采用的实验装置图，加载设备为千斤顶，构件竖向放置，采用置于构件上端的千斤顶来施加压力，荷载值由液压传感器测得。为了准确实现薄壁矩形管各个板件四边简支的边界条件，设计了厚板开槽支座。

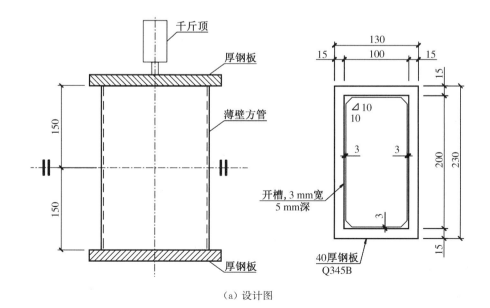

（a）设计图

(b) 实物图

图 7-8   实验装置图

7.3.3   加载方式

加载方式同 4.3.3 节内容所述。

7.3.4   测点布置

实验中量测项目包括施加荷载、各板件的出平面侧移、应变等变化情况。基于测点数量合理、测点的布置方便控制实验过程、数据之间可以相互印证的原则,对薄壁矩形管轴心受压试件进行了位移计和应变片的布置,如图 7-9 所示。在试件跨中截面布置了 6 个水平位移计;跨中截面布置了 10 个应变片。

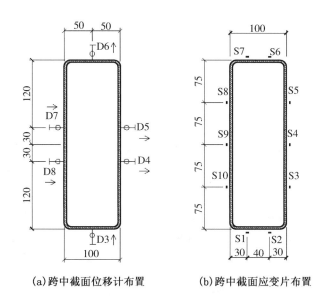

(a) 跨中截面位移计布置   (b) 跨中截面应变片布置

图 7-9　测点布置图

7.3.5　实验预分析

实验前需要对薄壁矩形管受压构件的失稳荷载进行估算，可按以下方法进行分析。

（1）采用不允许出现局部失稳准则计算临界应力，按式（7-8）进行计算。

（2）按考虑板组约束系数后的临界应力计算公式（7-9）进行计算。

（3）按利用屈曲后强度的稳定计算公式（7-19）计算稳定承载力。

（4）采用有限元分析属于拓展内容，不做具体要求。

7.4　实验实施

该过程与 4.4 节内容相同，略。

7.5 实验结果

图 7-10 显示了薄壁矩形管受压构件在轴心压力作用下局部失稳的破坏形式,从图中可以明显看出试件的一块板件屈曲成一个半波。

(a) 侧面 1   (b) 侧面 2

图 7-10 薄壁矩形管受压构件局部稳定性实验破坏

思 考 题

1. 观察并描述钢构件局部失稳破坏的过程,其失稳破坏形式是什么?

2. 对实验数据进行分析,绘制荷载-应变曲线和荷载-位移曲线,并对曲线进行分析。

3. 对实验获得的构件实测极限承载力与理论计算结果进行比较,具体计算公式见 7.2.4 节(包括考虑板组约束的临界荷载;考虑屈曲后强度的临界荷载;全截面塑形临界荷载),分析这些结果之间的差异。

第 8 章

高强螺栓连接实验

　　钢结构的各种结构形式由钢结构基本构件组成,需要合适的方法把它们连接成整体。因此,钢结构的连接与基本构件一样有着重要的作用。一般钢结构的连接通常有焊接连接、铆钉连接和螺栓连接,轻型钢结构的连接有射钉、自攻螺钉和焊钉等,大型钢结构的连接近年来较多应用销轴连接。螺栓连接按受力情况可分为三类:抗剪连接、抗拉连接和拉剪连接。其中抗剪连接是最常见的螺栓连接。高强度螺栓是目前钢结构工程中应用广泛的优良连接形式,本章主要介绍高强螺栓连接的抗剪实验。

8.1　实验目的

　　(1) 通过实验掌握钢结构连接的实验方法,包括试件设计、加载装置设计、测点布置、实验结果整理等方法。

　　(2) 通过实验观察高强螺栓连接试件在剪力作用下的破坏过程和破坏形式。

　　(3) 将理论极限承载力和实测承载力进行对比,验证摩擦型和承压型高强度螺栓的承载力计算公式。

8.2 实验原理

8.2.1 高强螺栓承载机理

　　高强螺栓连接有摩擦型和承压型两种。安装高强螺栓时,将螺栓拧紧,使螺杆产生预拉力压紧构件接触面,靠接触面的摩擦力来阻止其相互滑移,以达到传递外力的目的。高强螺栓摩擦型连接与普通螺栓连接的重要区别,就是前者完全不依靠螺杆的抗剪和孔壁的承压来承受压力,而是靠钢板间接触面的摩擦力传力。高强螺栓承压型连接的传力特征是剪力超过摩擦力时,构件之间发生相对滑移,螺杆杆身与孔壁接触,使螺杆受剪和孔壁受压,破坏形式与普通螺栓相同。图 8-1 显示了两种类型的高强螺栓的不同承载机理。

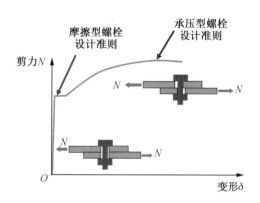

图 8-1　高强螺栓摩擦型和承压型承载机理比较

　　图 8-2 显示了单个螺栓受剪时的工作曲线。曲线上"1"点为摩擦型连接受剪承载力极限值,曲线上"3"点为承压型连接受剪承载力极限值。曲线 1～2 段为剪力超过摩擦力时构件间滑移。从图中可以看出,承压型连接的剪切变形比摩擦型连接大。当采用承压型连接时,在正常使用极限状态下,螺栓连接应不出

现滑移现象。

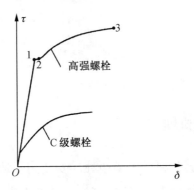

图 8-2　单个螺栓受剪工作性能

8.2.2　高强螺栓摩擦型连接的计算

1. 高强螺栓摩擦型连接的抗剪计算

1）单个高强螺栓摩擦型连接的计算

螺栓工作时，板件间摩擦力的大小取决于拧紧螺帽时在螺杆中的初始拉力。对于普通螺栓来说，拧紧螺帽所产生的初始拉力很小，而高强螺栓则有较大的预拉力。高强螺栓的预拉力是通过扭紧螺帽实现的。一般采用扭矩法和扭剪法。高强螺栓预拉力设计值由下式计算：

$$P = \frac{0.9 \times 0.9 \times 0.9 f_u A_e}{1.2} = 0.607\ 5 f_u A_e \tag{8-1}$$

式中　f_u——高强度螺栓的最低抗拉强度；

　　　A_e——高强度螺栓的有效面积，可查表得到。

摩擦型连接中高强螺栓抗剪承载力的大小与其传力摩擦面的抗剪滑移系数和对钢板的预压力有关。

一个高强螺栓的抗剪承载力设计值为

$$N_v^b = 0.9 k n_f \mu P \tag{8-2}$$

式中　K ——孔型系数,标准圆孔取 1.0,大圆孔取 0.85,内力玉槽孔长向垂直

时取 0.7,内力与槽孔向平行时取 0.6;

n_f ——传力摩擦面数目;

μ ——摩擦面的抗滑移系数,可查表;

P ——一个高强螺栓的预拉力,可查表。

2）高强螺栓群摩擦型连接的计算

轴力作用下的高强螺栓连接,如图 8-3 所示。

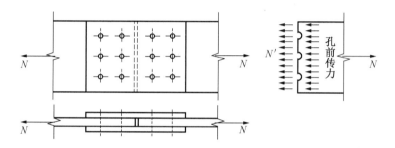

图 8-3　轴力作用下的高强螺栓连接

轴力 N 通过螺栓群形心,每个高强螺栓的受力为

$$N_v = \frac{N}{n} \leqslant N_v^b = 0.9 n_f \mu P \tag{8-3}$$

高强螺栓摩擦型连接中的构件净截面强度计算与普通螺栓连接不同,被连接钢板最危险截面在第一排螺栓孔处(图 8-3)。但在这个截面上,连接所传递的力 N 已有一部分由于摩擦力作用在孔前传递,所以净截面上的拉力 $N' < N$。根据实验结果,孔前传力系数可取 0.5,即第一排高强螺栓所分担的内力,已有 50% 在孔前摩擦面中传递。

设连接一侧的螺栓数为 n,所计算截面上的螺栓数为 n_1,则构件净截面所受力为

$$N' = N - n_1 F = N - 0.5 \frac{N}{n} \cdot n_1 = N\left(1 - 0.5 \frac{n_1}{n}\right) \tag{8-4}$$

净截面强度计算公式

$$\sigma = \frac{N'}{A_n} \leqslant f \tag{8-5}$$

高强螺栓群在轴力 N,剪力 V 和扭矩 T 作用下抗剪计算方法与普通螺栓一样,其中一个螺栓的抗剪承载力设计值按式(8-2)计算。

2. 高强螺栓摩擦型连接的抗拉计算

1)单个高强螺栓摩擦型连接的计算

实验表明,当外拉力过大时,螺栓将发生松弛现象,这对连接抗剪性能是不利的,故规定一个高强螺栓抗拉承载力设计值为

$$N_t^b = 0.8P \tag{8-6}$$

式中,P 为螺栓的预拉力。

2)高强螺栓群摩擦型连接的计算

如图 8-4 所示,因力通过螺栓群中心,每个螺栓所受外力相同,一个螺栓的受力应符合下式的要求:

$$\frac{N}{n} \leqslant 0.8P \tag{8-7}$$

式中,n 为螺栓数。

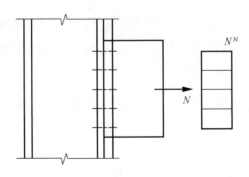

图 8-4 轴力作用下的螺栓拉力

高强螺栓群在弯矩作用下,受力时绕形心转动,见图 8-5。在弯矩和轴力共同作用下,按下式计算:

$$N_t = N_{max} = \frac{N}{n} + \frac{My_1}{\sum y_i^2} \leqslant N_t^b = 0.8P \tag{8-8}$$

式中　　n ——螺栓数;

$\quad\quad y_i$ ——各螺栓到螺栓群形心 O 点的距离;

$\quad\quad y_1$ ——y_i 中的最大值。

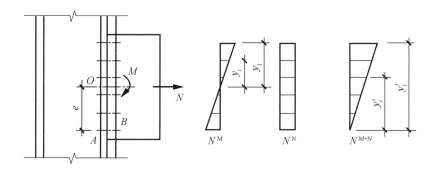

图 8-5　弯矩和轴力共同作用下拉力螺栓群的受力情况

3. 高强螺栓摩擦型连接同时承受剪力和拉力的计算

1) 单个高强螺栓摩擦型连接的计算

高强螺栓摩擦型连接同时承受剪力 N_v 和拉力 N_t 时,拉力 N_t 作用下,构件接触面上挤压力变为 $P-N_t$,同时摩擦系数也下降。考虑这些影响,其承载力采用直线相关公式表达:

$$\frac{N_v}{N_v^b} + \frac{N_t}{N_t^b} \leqslant 1 \tag{8-9}$$

式中　　N_v,N_t ——某个高强螺栓所承受的剪力和拉力;

$\quad\quad N_v^b$,N_t^b ——一个高强螺栓的拉剪、抗拉承载力设计值。

2）高强螺栓群摩擦型连接的计算

如图 8-6 所示，M，N 作用下使螺栓承受拉力，V 作用下使螺栓承受剪力，计算时分开进行。在弯矩 M 和轴力 N 作用下，高强螺栓最大拉力计算公式同式（8-8）。该螺栓承受的剪力为

$$N_{\mathrm{v}} = \frac{V}{n} \tag{8-10}$$

将式（8-8）和式（8-10）代入式（8-9）中，即可验算拉剪共同作用下高强螺栓群的安全性。

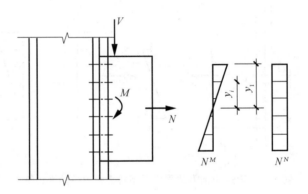

图 8-6　在 N、V、M 共同作用下高强螺栓连接的受力情况

8.2.3　高强螺栓承压型连接的计算

承压型连接中高强螺栓采用的钢材与摩擦型连接中的高强螺栓相同。预应力也相同，但构件接触面可以不进行抗滑处理，仅需清除油污及浮锈。因容许被连接构件之间产生滑移，所以抗剪连接计算方法与普通螺栓相同。

在螺栓杆轴方向受拉的承压型连接中，每个高强螺栓的抗拉承载力设计值为

$$N_{\mathrm{t}}^{\mathrm{b}} = \frac{\pi d_{\mathrm{e}}^{2}}{4} \cdot f_{\mathrm{t}}^{\mathrm{b}} \tag{8-11}$$

式中　d_e——螺栓有效直径,可查表或按 $d_e = d - 0.9382p$ 计算;

　　p——螺栓螺距,可查表;

　　f_t^b——螺栓抗拉强度设计值,可查表。

同时承受剪力和轴力方向拉力的高强度螺栓,应按下式计算:

$$\sqrt{\left(\frac{N_v}{N_v^b}\right)^2 + \left(\frac{N_t}{N_t^b}\right)^2} \leqslant 1 \tag{8-12}$$

和 $$N_v \leqslant N_c^b / 1.2 \tag{8-13}$$

式中　N_v, N_t——某个高强螺栓所承受的剪力和拉力

　　N_v^b, N_t^b, N_c^b——一个高强螺栓的抗剪、抗拉和承压承载力设计值。N_v^b

　　和 N_t^b 按式(8-14)和式(8-15)计算

$$N_v^b = n_v \cdot \frac{\pi}{4} \cdot d^2 \cdot f_v^b \tag{8-14}$$

$$N_c^b = d \cdot \left(\sum t\right) \cdot f_c^b \tag{8-15}$$

式(8-13)右边分母 1.2 是考虑由于螺栓杆轴方向的外拉力使孔壁承压强度的设计值有所降低之故。

8.3　实验设计

8.3.1　试件设计

按照实现实验目的、考虑加载能力和考虑经济条件的原则,本实验设计的试件主要参数如下,试件截面如图 8-7 所示。

（1）采用 8.8 级螺栓，规格 M12。

（2）被连接板厚度 16.0 mm，连接板厚 10.0 mm。

（3）连接面喷丸处理。

（4）钢材牌号：Q345B。

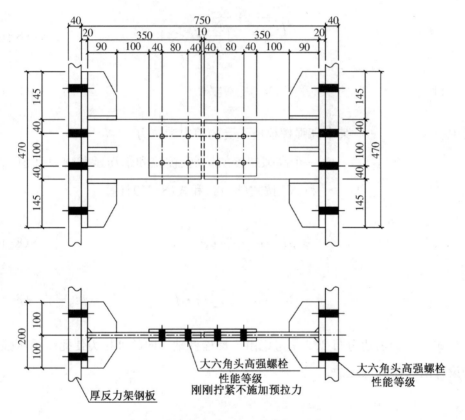

图 8-7　高强螺栓抗剪实验试件设计详图

8.3.2　实验装置设计

1. 支座设计

实验装置中的支座要实现的约束条件是：端部可绕强轴自由转动，端部可绕弱轴自由转动，端部不可扭转，端部可以自由翘曲。

支座一端固定在反力梁上，另一端固定在加载梁上。被连接板与端板焊接，连接板与端板之间设置加劲板,保证端板的刚度,使连接板内应力分布均匀。

支座设计如图 8-8 所示。

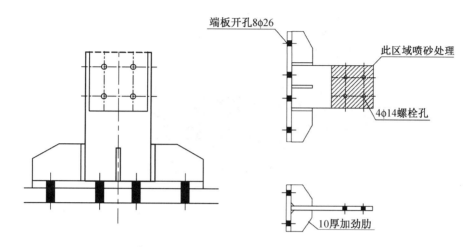

图 8-8 高强螺栓抗剪实验支座设计图

2. 加载装置设计

本实验采用千斤顶进行加载。加载装置设计如图 8-9 所示。安装试件后的实验装置如图 8-10 所示。

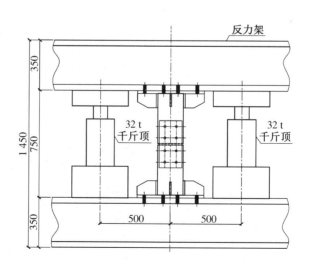

图 8-9 加载装置设计图

113

图 8-10 高强螺栓抗剪实验装置图

8.3.3 加载方式

本实验采用千斤顶加载,具体加载方式同 4.3.3 节内容所述。

8.3.4 测点布置

图 8-11 显示了高强螺栓连接板上测点的布置。布置了 2 个位移计,19 个应变片。

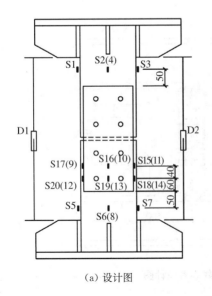

(a) 设计图   (b) 实物图

图 8-11 测点布置图

8.3.5　实验预分析

采用实测截面和实测材料特性估算高强螺栓的抗剪承载力,具体可按 8.2.3 节内容进行计算。

8.4　实验实施

该过程与 4.4 节内容相同。

8.5　实验结果

图 8-12 显示了高强螺栓抗剪连接实验的破坏形式。从图中可以看出,高强螺栓被剪断。

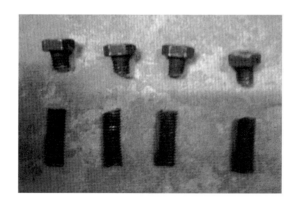

图 8-12　高强螺栓抗剪连接实验的破坏形式

思 考 题

1. 观察并描述高强螺栓抗剪连接破坏的过程,其破坏模式是什么?

2. 对实验数据进行分析,绘制荷载-应变曲线和荷载-位移曲线,并对曲线进行分析,描述荷载-位移曲线每个阶段的特征。

3. 对实验获得的构件实测极限承载力,与使用《钢结构设计标准》(GB 50015—2017)公式计算的结果进行比较,分析这些结果之间的差异。

第 9 章

实验报告的撰写

实验报告是整个实验工作的总结,通过撰写实验报告,可以加深对实验知识的理解,提高分析问题能力,同时也可锻炼学术表达能力。因此,实验完成后,应对实验设计、实验过程、实验结果进行整理与分析,并独立撰写实验报告。

实验报告的撰写应当条理清晰、表达明确、图表规范、总结全面。实验报告没有固定的格式,但主要内容应包括下列部分。

1. 描述实验信息

实验名称、实验组号、实验日期、实验报告撰写人姓名。

2. 描述实验设计资料

(1)实验目的。

(2)实验原理。

(3)试件几何参数,包括名义几何参数和实测几何参数。

(4)材料的力学性能实验结果。

(5)实验装置、加载方式、测点布置概述。

(6)实验预分析过程和结果。计算中所用的公式均须明确列出,并注明公式中各符号所代表的意义。

3. 描述实验现象

(1)实验过程和试件的变形形态描述。

(2)试件的最终破坏形式识别。

4. 处理实验数据

(1)对原始实验数据应进行必要的整理、运算和分析,找出实验对象中各参量的相互关系和变化规律。

(2)对实验数据进行表达,绘制能够反映试件受力特点、变形特征和失稳特性的典型实验曲线，这些实验曲线包括：荷载-位移曲线、荷载-应变曲线等。典型的荷载-应变曲线图如图 9-1 所示。

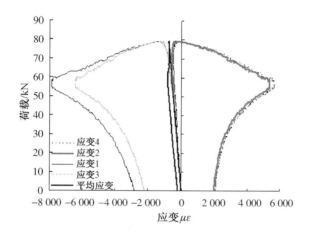

图 9-1　典型的荷载-应变曲线图

5. 分析实验结果

（1）实验现象及破坏形式与实验曲线的相互解读。

（2）给出试件稳定承载力理论值的计算公式和计算过程，将该理论计算值与实测值进行比较，分析二者存在的差异及其可能原因。

6. 实验结论及思考。

这部分内容除了对实验进行总结以外，还可以有自己的一些思考或对问题的讨论。

参 考 文 献

[1] 铁木生可 S P. 材料力学史[M]. 常振槭,译. 上海:上海科学技术出版社, 1961.

[2] 陈绍蕃. 钢结构设计规范的回顾与展望[J]. 工业建筑,2009,39(6):1-4.

[3] 沈祖炎. 中国《钢结构设计规范》的发展历程[J]. 建筑结构学报,2010,31(6):1-6.

[4] 吕烈武,沈世钊,沈祖炎,等. 钢结构构件稳定理论[M]. 北京:中国建筑工业出版社,1983.

[5] 沈祖炎,陈扬骥,陈以一,等. 钢结构基本原理[M]. 3 版. 北京:中国建筑工业出版社,2017.

[6] 中华人民共和国住房和城乡建设部. 混凝土结构试验方法标准:GB/T 50152—2012[S]. 北京:中国建筑工业出版社,2012.

[7] 国家市场监督管理总局,国家标准化管理委员会. 金属材料 拉伸试验 第1部分:室温试验方法:GB/T 228.1—2021[S]. 北京:中国标准出版社,2021.

[8] 中华人民共和国住房和城乡建设部. 钢结构设计标准:GB 50017—2017[S]. 北京:中国建筑工业出版社,2017.